Insekten- & Tier-Hotels

50 PROJEKTE MIT BAUANLEITUNGEN

BÄRBEL OFTRING

blv

INHALT

Attraktiv & nützlich für Lurche & Co.

Hübsch & nützlich für Insekten & Co.

Anhang

Der tierfreundliche Garten

In Ihren Händen halten Sie ein Buch voller Bauideen für Unterkünfte von Vögeln, Insekten, Igeln, Eidechsen, Kröten und Co. Diese Tiere gehen in den Gärten, auf Balkon und Terrasse ein und aus. Sie sind willkommen, zeigen sie uns doch offensichtlich, dass auch die Menschenwelt Teil der Natur ist. Rotkehlchen, Tagpfauenauge und Eichhörnchen sind nicht nur hübsch anzusehen, nein, sie und all die anderen heimischen Wildtiere sind wichtig für die natürliche Balance und Gesundheit, auch im Garten.

Damit sich in Ihrem Garten auch tatsächlich viele Tiere wohlfühlen, verwandeln Sie ihn – oder mindestens eine Gartenecke – in ein Naturparadies mit einer Vielfalt an Gartenstrukturen und Lebensräumen in der Vertikalen und der Horizontalen, mit Bäumen und blühenden Wildsträuchern, Wildblumen und Kräutern, Totholz und Natursteinhaufen, offenem Boden und Wasser. All dies lockt eine Menge an Insekten in den Garten, der so zum Anziehungspunkt für Vögel, Igel, Eidechsen und all die anderen Wildtiere wird.

Teilen Sie Ihren Garten mit den Pflanzen und Tieren. Im tierfreundlichen Garten gelten diese Grundregeln:

1. Der Boden ist gesund und zeichnet sich durch ausreichend Humus, Luftporen und Bodentiere aus. Torf hat dort nichts zu suchen.

2. Natürliche Dünger wie Kompost, Hornspäne und Gesteinsmehl liefern alles, was die Pflanzen zum Leben brauchen. Mineralische Dünger sind tabu.

3. Robuste, widerstandsfähige Pflanzenarten und -sorten sowie natürliche Pflanzenstärkungsmittel sorgen für ein gesundes Pflanzenleben in Balance. Als Pflanzenschutzmaßnahmen wählen Sie nur mechanische Methoden – synthetische Pflanzenschutzmittel wie Insektizide und Herbizide verbannen Sie ein für alle Mal von Ihrem Grundstück.

4. Wählen Sie heimische Pflanzenarten: Mit jeder neuen heimischen Pflanzenart schaffen Sie Lebensraum für zehn neue Tierarten! Verzichten Sie auf hochgezüchtete Pflanzen mit sterilen Blüten, die keinen Pollen, keinen Nektar und keinen Samen bilden. Solche Pflanzen sehen zwar hübsch aus, bieten den Tieren aber keinerlei Nahrung.

Lassen Sie sich nun von den Bauideen für eigene Werke inspirieren, denn Schaffensfreude und Schöpferkraft machen uns Menschen aus. Viele Freude dabei wünscht Ihnen

So geht's los!

Bevor Sie sich auf Ihre Lieblingsbauprojekte stürzen, sollten
Sie sich ein paar wichtige Informationen über die verwendeten
Materialien, die nötigen Werkzeuge und die handwerklichen Fä-
higkeiten holen. Die Arbeit soll schließlich viel Freude machen.
Lassen Sie sich auch von Ihrer Fantasie inspirieren, sodass Ihre
ganz persönlichen Bauprojekte entstehen!

Arbeiten mit Holz

Wenn nicht anders angegeben, werden die Bauprojekte in diesem Buch aus massiven Holzbrettern in einer Stärke von 20 Millimetern gebaut. Gut zu bearbeiten sind die weichen Nadelhölzer, wobei Fichten- und Kiefernholz nicht so witterungsbeständig sind. Bauprojekte aus diesem Material sollten Sie mit Dachpappe belegen und mit umweltfreundlicher Farbe streichen. Bevorzugen Sie das witterungsbeständige Douglasien- oder Lärchenholz, das Sie in einer Zimmerei bekommen.

Generell können Sie Längen, Breiten, Schrägen oder Mittelpunkte von Bohrungen mit einem Bleistift auf dem Holzbrett **anreißen**. Suchen Sie dazu bei jedem Holzbrett eine gerade Referenzkante, von der aus Sie mit einem Winkel oder rechtwinkligen Brettabschnitt die rechtwinkligen Linien der Bauteile einzeichnen. Kantenparallele Linien werden oben und unten angezeichnet und mit dem Lineal verbunden.

Den **Zuschnitt** der einzelnen Bauteile können Sie mit einer Handsäge tätigen, dazu benötigen Sie allerdings etwas handwerkliches Geschick – die Schnittkanten sollten ja gerade und winkelrecht sein. In den meisten Heimwerkstätten gibt es heutzutage elektrische Stichsägen, mit denen das Zuschneiden viel leichter geht. Beachten Sie auf jeden Fall die Sicherheitsvorschriften! **Wichtig:** Beim Bearbeiten der Holzteile müssen diese plan aufliegen und auch aus Sicherheitsgründen gegen Verrutschen gesichert sein. Wer keine Hobelbank hat, befestigt die Bauteile mit einer Schraubzwinge an seinem Arbeitstisch.

Bei Schrägschnitten ist es einfacher, wenn das Brett etwas länger (1–2 cm) ist als das fertige Bauteil. Dadurch ergibt sich eine durchgehend gerade Schnittkante und das Holz bricht nicht auf den letzten drei Millimetern durch das Verlaufen des Sägeblattes aus. Nicht winkelrechte Schrägschnitte an den Kanten, die bei manchen Rückwänden und Dachfirsten nötig sind, können Sie durch entsprechendes Schrägstellen des Sägetischs erreichen. Gegebenenfalls an einem Abfallstück einen Probeschnitt durchführen und die Passgenauigkeit überprüfen!

Zum **Bohren** reißen Sie stets den Mittelpunkt des Bohrlochs mit dem Bleistift an, auf dem die Bohrspitze ansetzt. Halten Sie die Bohrmaschine oder den Akkuschrauber gerade. Legen Sie ein altes Holzstück unter das zu bohrende Bauteil, damit Sie den Arbeitstisch nicht beschädigen.

Oben: Mit dem richtigen Werkzeug gelingen Ihnen die Projekte viel leichter. Achten Sie auf gute Qualität.

Tipp

Beim Sägen bleibt stets die eingezeichnete Linie (Riss) auf dem Werkstück stehen. Dazu führen Sie die Säge außerhalb der angerissenen Linie.

Wer keinen entsprechend großen Forstnerbohrer für die **Einfluglöcher** besitzt, kann auch mit einem kleinen Holzbohrer einen Bohrlochkranz bohren und mit einer halbrunden Holzraspel nachfeilen. Wählen Sie für den Zusammenbau der Bauteile **Schrauben**, die mindestens doppelt so lang sind wie die Brettstärke, eine Schraubenstärke von drei mm genügt. Daher benötigen Sie hauptsächlich Holzschrauben 40 x 3,0 mm. Da Holz zum Reißen neigt, müssen die Löcher für die Holzschrauben mit einem dünneren Bohrer vorgebohrt werden. Ziehen Sie die Schrauben nicht zu fest an, sie dürfen nicht durchdrehen. Natürlich verwenden Sie für das Anbringen von Ösen und Scharnieren kleinere Schrauben als die Holzstärke. Sie können die Bauteile auch mit **Nägeln** verbinden. Dies erfordert aber mehr handwerkliches Geschick als die Verwendung von Schrauben. Benutzen Sie möglichst dünne Nägel, damit das Holz nicht reißt. Setzen Sie den Nagel absolut senkrecht an. Wie Sie mögen auch Vögel keine zugigen Behausungen. Tragen Sie daher vor dem Verbinden auf eine Holzkante eine kräftige Leimraupe aus wasserfestem Holzleim (Weißleim) auf. Alternativ können Sie auch nach dem Zusammenbau in die Ecken und Fugen sorgfältig Acryldichtstoff oder Holzleim aufspritzen.

Zum **Schleifen** der Kanten und Einfluglöcher ist die Körnung 100 völlig ausreichend. Beim Kantenschleifen schlagen Sie das Schleifpapier um einen Schleifklotz und schleifen stets in Faserrichtung des Holzes. Für Einfluglöcher rollen Sie das Schleifpapier zusammen. Flächen müssen Sie nur dann schleifen, wenn Sie später Farbe auftragen möchten. Naturbelassen hält Holz länger, wenn es sägerau ist. Nur das Einflugloch sollte auf jeden Fall geschliffen werden. Das Streichen mit **Farbe** ist hauptsächlich ein dekoratives Element und beeinflusst die Lebensdauer Ihres Bauwerkes

nur unwesentlich. Verwenden Sie bitte keine lösemittelhaltigen Farben oder Holz-schutzmittel. Streichen Sie nur die Außenwände und lassen die Innenseite rau.

Arbeiten mit Weidenruten

Weidenruten werden im blattlosen Zustand an frostfreien Tagen zwischen Novem-ber und Ende Februar geschnitten. Für Flechtarbeiten eignen sich am besten die einjährigen, sehr elastischen Ruten der Korb-Weide. Verarbeiten Sie sie am besten frisch geschnitten – und legen Sie die Ruten vor dem Flechten in Wasser.

Arbeiten mit Ton

Bevor Sie mit dem Modellieren des Tonobjekts beginnen, kneten Sie den Ton kräftig durch. So wird er geschmeidig und eventuelle Luftblasen werden entfernt. Das ist wichtig, damit das Tonstück beim Brennen nicht zerspringt. Einzelne Tonwürste, -platten oder -teile verbinden Sie mit Schlicker. Dazu mischen Sie Wasser unter ei-nen kleinen Klumpen Ton, bis die Mischung breiig bis zähflüssig ist. Geben Sie et-was Schlicker auf die zu verbindenden Teile. Achten Sie beim Verbinden darauf, dass keine Luftblasen eingeschlossen werden. Lassen Sie Tonobjekte langsam trocknen, etwa indem Sie die fertigen Stücke in eine Plastiktüte geben (bei großen Stücken noch ein feuchtes Tuch hinzupacken), diese gut verschließen und zwei Wochen lang ruhen lassen. Danach können die Tonobjekte an der Luft fertig trocknen.

Tipp

Pflanzen Sie doch gleich eine Korb-Weide in Ihren Garten, denn sie bietet im zeitigen Frühling kostbare Insektennahrung.

Schön & nützlich für Vögel

Amsel, Drossel, Fink und Star – mit Villen, Gaststätten, Tränken, Gourmetspeisen und noch mehr locken Sie viele gefiederte Freunde in Ihren Garten.

Was sich Vögel im Garten wünschen

Vögel erfreuen uns mit ihrer Anwesenheit, ihrem Gesang und ihrem munteren Verhalten ganz besonders. Damit sie zahlreich und vielfältig kommen, machen Sie aus Ihrem Garten ein Vogelparadies – das geht ganz einfach.

Damit sich Vögel in Ihrem Garten wohlfühlen, sollten Sie ihnen ausreichend Nahrung, Nistmöglichkeiten und Verstecke bieten. »Naturnah« heißt das Zauberwort für einen vogelfreundlichen Garten, der mindestens eine »wilde Ecke« aufweist. Bäume, Sträucher, Stauden und Kräuter in einem strukturreichen Nebeneinander locken verschiedenste Vögel an. Wählen Sie heimische Wildarten, denn diese tragen nicht nur Früchte und bilden nektar- und pollenreiche Blüten, sondern sind auch Lebensraum für unzählige Insekten – von denen sich unsere gefiederten Freunde ernähren. Natürlich bleiben die Stauden und Kräuter über den Winter stehen – wegen der nahrhaften Samen und der vielen Kleintiere, die dazwischen überwintern. Darum kehren Sie im Herbst das herabfallende Laub unter die Sträucher anstatt es zu entsorgen.

Pflanzen im vogelfreundlichen Garten

Gehölze wie Gemeine Felsenbirne, Roter Hartriegel, Pfaffenhütchen, Rote Heckenkirsche, Vogelkirsche, Traubenkirsche, Faulbaum, Kreuzdorn, Hundsrose, Schwarzer Holunder, Wolliger und Gemeiner Schneeball gehören in einen vogelfreundlichen Garten, bei viel Platz eine Brombeere, für Frühbrüter wie Grünfinken ein Wacholder. Zudem sind Kletterpflanzen wie Anemonen-Waldrebe, Efeu, Wilder Wein, Kriech-Rose und Weinrebe, Stauden wie Wald-Engelwurz, Flockenblumen, Wegwarte, Disteln, Natternkopf, Mädesüß und Steinklee sowie Zweijährige wie Karden und Königskerzen bei Vögeln beliebt. Auch ein Komposthaufen darf im vogelfreundlichen Garten nicht fehlen. Dort bedienen sich die Vögel an den Eierschalen, die wichtigen Kalk liefern, und finden reichlich Insektenkost. Trotz naturnahem Garten empfiehlt Prof. Dr. Peter Berthold, die Vögel ganzjährig zu füttern; seine Untersuchungen haben ergeben, dass ein 500 Quadratmeter großer Naturgarten den Jahresfutterbedarf von gerade mal drei Grünfinken deckt.

Oben: Rotkehlchen (links), Blaumeise (Mitte) und Amsel (rechts) leben das ganze Jahr über in unseren Gärten.

Tipp

Schaffen Sie reichlich Nistmöglichkeiten – ein bis zwei Nistkästen unterschiedlicher Bautypen pro 50 Quadratmeter Gartenfläche ist ein guter Richtwert.

Mardersichere Meisenvilla

Meisen, die als Höhlenbrüter in Spechthöhlen nisten, ziehen gern in diese Meisenvilla ein. Hängen Sie gleich mehrere auf, denn auch Kleiber, Schnäpper, Sperling und Rotschwanz gehören zu den Mietern. Dank des extratiefen Einfluglochs haben Katzen, Marder und andere Einbrecher keine Chance.

1 Fertigen Sie die Vorder- und Rückwand an. Um die Dachschrägen zu erhalten, ermitteln Sie an der Oberkante der Vorderwand den Mittelpunkt (7,5 cm von den Seiten entfernt) und markieren diesen mit Bleistift. Dann messen Sie an beiden Seiten von unten eine Höhe von 17,5 cm ab und markieren auch diese. Nun verbinden Sie diese seitlichen Markierungen mittels Lineal mit dem Mittelpunkt an der Oberkante und sägen die Dachschrägen ab. Verfahren Sie genauso bei der Rückwand.

2 Bohren Sie in die Vorderwand eine kreisrunde Öffnung, die als Einflugloch dient. Der Durchmesser des Einfluglochs sollte für Meisen wie Blau- und Tannenmeise 26–28 mm sein, für Kohlmeise und Kleiber 32 mm, für Schnäpper und Sperling 35 mm sowie für den Gartenrotschwanz 48 mm hoch und 32 mm breit. Bohren Sie in die Marderschutz-Holzleiste eine kreisrunde Öffnung, die genau so groß ist wie das Einflugloch.

3 Schleifen Sie die Ränder der Einfluglöcher von Vorderwand und Marderschutz sorgfältig ab. Das Bodenbrett sieht hübsch aus, wenn Sie die Oberkante ebenfalls mit Schleifpapier abrunden.

4 Schrauben Sie die Marderschutz-Holzleiste so auf die Außenseite der Vorderwand, dass die Öffnungen für das Einflugloch aufeinanderliegen und die Öffnung für den Vogel passierbar ist.

Material

- Holzbrett, 18 x 18 cm (Boden)
- 2 Holzbretter, 25 x 15 cm (Vorder- und Rückwand)
- 2 Holzbretter, 17,5 x 11 cm (Seitenwände)
- Holzbrett, 18 x 14 cm (Dachhälfte)
- Holzbrett, 18 x 16 cm (Dachhälfte)
- 3 Holzleisten, 2 x 11 cm (Dach)
- 1 Holzleiste, 4 x 8 cm (Marderschutz)
- 2 Schieferplatten oder Dachpappe
- 33 Schrauben
- Acryl (Fugendichtung)
- Aufhängöse
- Acrylfarbe Ihrer Wahl

◆ Eine Konstruktionsskizze sowie Angaben zum Werkzeug finden Sie auf der folgenden Seite.

Konstruktionsskizze zum Nachbauen

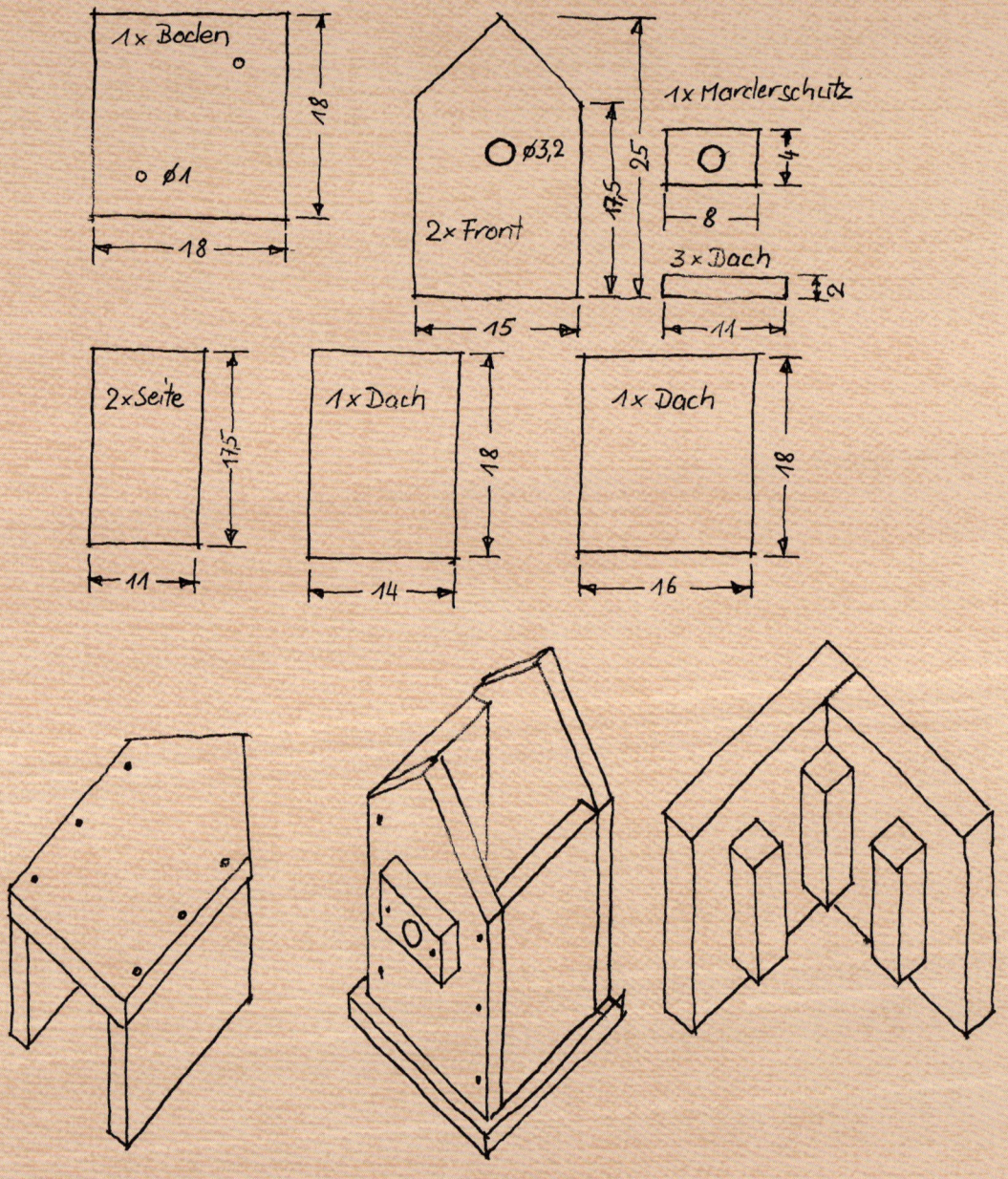

1x Boden

18

18

o ø1

o

2x Front

ø3,2

25

17,5

15

1x Marderschutz

4

8

3x Dach

2

11

2x Seite

17,5

11

1x Dach

18

14

1x Dach

18

16

5   Bohren Sie zwei kleine Löcher (Durchmesser 10 mm) in das Bodenbrett, damit evtl. eindringende Feuchtigkeit abfließen kann.

6   Bauen Sie nun die Meisenvilla zusammen. Dazu schrauben Sie zuerst die Rückwand an die beiden Seitenwände, danach die Vorderwand. Achten Sie darauf, dass der Marderschutz außen liegt! Zuletzt schrauben Sie den Boden an die Wände und dichten alle Fugen mit Acryl oder Holzleim ab.

7   Schrauben Sie das Dach rechtwinklig zusammen und befestigen Sie dann die drei inneren Leisten im First und an den Innenkanten der Seiten. Das Dach dient als Öffnung zum Reinigen und wird lose aufgelegt. Als Verwitterungsschutz können Sie auf das Dach zwei etwas überstehende Schieferplatten montieren. Alternativ tackern Sie Dachpappe darauf.

8   Befestigen Sie an der Rückwand eine Aufhängöse zum Aufhängen des Kastens.

9   Nun können Sie zu Farbe und Pinsel greifen und den Kasten frei nach Ihrer Fantasie bemalen. Die Fotos zeigen Ihnen Varianten der Meisenvilla, mal mit herzförmigem Einflugloch, mal mit Mosaiksteinchen dekoriert.

Werkzeug

◆ Bleistift
◆ Lineal
◆ Säge
◆ Bohrmaschine
◆ Schleifpapier
◆ Akkuschrauber
◆ Pinsel

Staren-Wolkenkuckucksheim

Etwas größer als ein »normaler« Meisenkasten ist das Wolkenkuckucksheim des Staren. Die Tür können Sie auch festschrauben, denn Stare räumen das alte Nistmaterial selbst auf. Hängen Sie das Starenhaus mindestens 4 Meter hoch in einen Obstbaum (Stange verwenden) oder an die höchste Stelle im Hausgiebel.

Material

- Holzbrett, 15 x 15 cm (Boden)
- Holzbrett, 30,5 x 19 cm (Rückwand)
- 2 Holzbretter, 30 x 17 cm (Seitenwände)
- Holzbrett, 25 x 22 cm (Dach)
- Holzbrett, 22 x 14,7 cm (Fronttür)
- 3 Holzleisten, 4 x 19 cm (Front)
- 30 Schrauben
- Acryl (Fugendichtung)
- Kunststoffummantelter Draht
- Acrylfarbe Ihrer Wahl

Werkzeug

- Lineal
- Säge
- Bohrmaschine
- Akkuschrauber
- Pinsel

1 Sägen Sie die einzelnen Holzteile nach den angegebenen Maßen zurecht. Schrägen Sie die Oberkante der beiden Seitenteile so ab, dass sie hinten 30 cm und vorn 26 cm hoch sind. Bohren Sie in das Holzbrett der Fronttür ein Einflugloch mit einem Durchmesser von 45 mm. Bohren Sie in das Bodenbrett zwei kleine Löcher (Durchmesser 10 mm), damit evtl. eindringende Feuchtigkeit abfließen kann.

2 Schrauben Sie die Rückwand an die Bodenplatte, dann die beiden Seitenteile an Boden und Rückwand. Danach bringen Sie vorne je eine Holzleiste oben (Dachschräge beachten!) und unten an und befestigen sie auf jeder Seite mit einer Schraube an den Seitenwänden. Zuletzt schrauben Sie das Dach auf den Starenkasten; es steht seitlich und vorn über.

3 Dichten Sie alle Fugen im Kasten sorgfältig von innen mit Acryl oder Holzleim ab, damit es innen dunkel, trocken und zugluftfrei ist. Zum Aufhängen des Kastens drehen Sie an jeder Seite des Daches eine Schraube ein, an der Sie den Draht in der gewünschten Länge befestigen.

4 Für die herausnehmbare Fronttür schrauben Sie die dritte Holzleiste unterhalb des Einfluglochs quer an dem Frontbrett fest. Zum Einsetzen kippen Sie dieses leicht und schieben es erst oben, dann unten ein. Nun können Sie zu Farbe und Pinsel greifen und den Kasten frei nach Ihrer Fantasie bemalen.

Tipp

Verzichten Sie bei allen Nistkästen
auf ein Anflughölzchen unterm
Einflugloch. Die Vögel brauchen
es nicht, mögliche Nesträuber
aber schon!

Tipp

Für den Grauschnäpper können Sie die Kate auch 6 cm niedriger machen. Dann ist die Front nur 8 cm hoch.

Rotschwänzchens Bude

Hausrotschwanz, Bach- und Gebirgsstelze, Grauschnäpper und Zaunkönig, auch Amsel und Rotkehlchen suchen sich für ihr Nest einen Platz in Nischen, Spalten und Fugen. Eine Bude nach dem Vorbild eines Halbhöhlenkastens ist genau richtig für diese Vögel.

1 Sägen Sie die einzelnen Holzteile nach den angegebenen Maßen zurecht. Schrägen Sie die Oberkante der beiden Seitenteile so ab, dass sie hinten 26 cm und vorn 19 cm hoch sind.

2 Bohren Sie in das Bodenbrett zwei kleine Löcher (Durchmesser 10 mm), damit evtl. eindringende Feuchtigkeit abfließen kann.

3 Schrauben Sie die Rückwand an die Bodenplatte, dann die beiden Seitenteile an Boden und Rückwand und schließlich die Front an Boden und Seitenteile. Zuletzt schrauben Sie das Dach auf die Kate; es steht seitlich und vorn über.

4 Bemalen Sie den Halbhöhlenkasten nach Belieben (hier wurde etwa das Dach dunkelgrün gestrichen).

5 Für Rotkehlchen bringen Sie die Kate unterhalb eines Dachvorsprungs an, für den Zaunkönig in einer der oberen Ecken des Carports. Wählen Sie dazu eine möglichst zugfreie Stelle.

Material

▌ Holzbrett, 12 x 12 cm (Boden)
▌ Holzbrett, 26,5 x 16 cm (Rückwand)
▌ 2 Holzbretter, 26 x 12 cm (Seitenwände)
▌ Holzbrett, 14 x 16 cm (Front)
▌ Holzbrett, 20 x 22 cm (Dach)
▌ 30 Schrauben
▌ Acrylfarbe Ihrer Wahl

Werkzeug

◆ Bleistift
◆ Lineal
◆ Säge
◆ Handbohrer oder Bohrmaschine
◆ Akkuschrauber
◆ Pinsel

Tipp

Noch rascher nehmen Mehlschwalben das neu gebaute Hostel an, wenn Sie die Bretter für Dach und Rückwand weiß streichen. Dazu verwenden Sie ungiftige, wasserlösliche Fassadenfarbe.

Mehlschwalben-Hostel

Aus Lehm bestehen die Nester der Mehlschwalben, die sie stets unter Vorsprüngen von Dächern, Eingängen oder Brücken anlegen. Darum bauen Sie für diese rasanten Flieger keine Nistmöglichkeiten aus Holz, Heu und Moos, sondern auch aus feuchtem Ton und Lehm.

1 Schneiden Sie in eine der beiden Hartfaserplatten eine halbkreisförmige Öffnung (Radius etwa 5 cm), durch die Sie später greifen können, um die Innenflächen der Nistschale mit Ton zu belegen.

2 Legen Sie den Kaninchendraht um die unbeschnittene Hartfaserplatte. Biegen Sie dann aus dem Draht nach vorn gewölbt eine grobe Viertelkugel-Hohlform für die Nistschale. Diese sollte einen Durchmesser von etwa 14 cm aufweisen und nach vorn einen Radius von etwa 8 cm. Eine etwa 4 cm breite, 2 cm hohe Öffnung bleibt als Einflugloch offen.

3 Kneten Sie nun die Ton- oder Lehmmasse weich und geschmeidig, ggf. geben Sie etwas Wasser hinzu. Modellieren Sie das Drahtgestell innen und außen mit Ton aus. Geben Sie dazu den Ton immer portionsweise hinzu. Die Wandstärke sollte mindestens 1,5 cm betragen. Bedecken Sie sorgfältig den ganzen Draht.

4 Setzen Sie die Dachplatte auf und verbinden Sie sie mit dem Nest. Streichen Sie innen und außen den Ton der Nistschale glatt. An dünnwandigen Stellen geben Sie noch etwas Ton hinzu und streichen ihn ebenfalls glatt. Lassen Sie die Nistschale langsam trocknen.

Material

pro Nistschale

▌ Sperrholz- oder Spanplatte 10 x 18 cm, 1 cm dick (Hinterwand für ein Nest)

▌ Sperrholz- oder Spanplatte 12 x 18 cm, 1 cm dick (Dach für ein Nest)

▌ 2 Hartfaserplatten 9 x 16 cm, 3 mm stark

▌ Kaninchendraht

▌ Ton oder Lehm

▌ 4 Schrauben

Werkzeug

◆ Drahtschere

◆ Klammergerät (Tacker)

◆ Akkuschrauber

Material
(für Bau-Alternative)

- Holzbrett, 20 x 16 cm (Dach)
- Holzbrett, 20 x 18 cm (Rückwand)
- Styroporkugel, Durchmesser 12 cm
- 4 Schrauben
- Frischhaltefolie
- Doppelseitiges Klebeband
- 200 ml Stuckgips
- 100 ml Sägemehl
- Holzkohle

Werkzeug

- Säge
- Akkubohrer
- Eimer
- Holzstab zum Rühren
- Plastikbeutel
- Nudelholz
- Teelöffel
- Schleifpapier
- Heißklebepistole
- Akkuschrauber

5 Schrauben Sie die beiden Sperrholz- oder Spanplatten als Montagehilfe rechtwinklig zusammen. In dieser stabilen Konstruktion befestigen Sie nun die Hartfaserplatten mit Schrauben, eventuell noch zusätzlich mit dem Tacker.

6 Mehlschwalben brüten stets zu vielen in Kolonien. Sie kleben ihre Nester dicht an dicht nebeneinander unter den Dachtrauf. Fertigen Sie deshalb mehrere Nistschalen an: Schrauben Sie am besten zwei Mehlschwalben-Hostels nebeneinander auf zwei Sperrholzbretter (Dachbrett 36 x 12 cm, Wandbrett 36 x 10 cm), die Sie zuvor ebenfalls aneinandermontiert haben.

Alternative Bauweise für das Mehlschwalben-Hostel

1 Halbieren Sie die Styroporkugel (am besten mit einem elektrischen Küchenmesser), dann halbieren Sie nochmals jede Hälfte. So erhalten Sie vier Teile. Schrauben Sie das Dach auf die Rückwand; am besten bohren Sie zuvor vier Löcher in das Holzbrett des Daches.

2 Hüllen Sie die Styroporviertelkugel mit Frischhaltefolie ein und kleben Sie sie mit doppelseitigem Klebeband in den Winkel der beiden zusammenmontierten Bretter.

3 Rühren Sie aus Stuckgips und Sägemehl einen zähen Teig an. Zerkleinern Sie die Holzkohle, etwa indem Sie sie in einen Plastikbeutel geben und mit den Händen zerbröseln oder mit einem Nudelholz darüberrollen. Mischen Sie zwei Teelöffel Holzkohlemehl unter die Gips-Sägemehl-Masse. Bestreichen Sie die Kugel etwa 1,5 cm dick mit dieser Masse. Belassen Sie dabei eine kleine Öffnung als Einflugloch.

4 Wenn die Masse trocken ist, lösen Sie sie vorsichtig von den Brettern ab. Entfernen Sie auch die Styroporviertelkugel. Glätten Sie die Kanten und runden Sie das Einflugloch mit Schleifpapier ab. Kleben Sie das Nest mit einer Heißklebepistole an die Holzbretter, von denen Sie zuvor noch anhaftende Reste der Gips-Sägemehl-Masse entfernt haben.

Mehlschwalben-Nistsims

An glatten Wänden hilft dieser kleine Nistsims den Mehlschwalben, selbst ein Nest zu bauen.

1 Montieren Sie zwei Holzbretter aneinander und schlagen Sie 9 cm unterhalb des Daches über eine Länge von 11 cm fünf Nägel ein. Flechten Sie um die Nägel Bindedraht, sodass ein kleines Podest entsteht.

2 Umgeben Sie dieses Podestgerüst mit Ton oder einer Masse aus 3 Esslöffeln Sägespäne, 3 Esslöffeln Innenspachtel, 1 Löffelspitze Holzkohlemehl und etwa 10 Esslöffeln Wasser. Lassen Sie das Podest trocknen.

3 Montieren Sie den Nistsims – wie auch das Mehlschwalben-Hostel – direkt unter den Dachtrauf. Damit die Hauswand nicht verschmutzt wird, können Sie 50 cm unterhalb der Nester ein 30 cm tiefes Kotbrett montieren.

Tipp

Halten Sie lehmige Bodenstellen offen, denn dort bedienen sich die Schwalben gern für Nistmaterial. Auch Schmetterlinge landen dort, um Mineralstoffe zu tanken.

Material

- Holzbrett, 20 x 16 cm (Dach)
- Holzbrett, 20 x 18 cm (Rückwand)
- 4 Schrauben
- 5 Nägel
- Bindedraht
- Ton oder 3 EL Sägespäne, 3 EL Innenspachtel, 1 Löffelspitze Holzkohlenmehl und ca. 10 EL Wasser

Werkzeug

- Säge
- Akkuschrauber
- Hammer

Ni-Na-Nistkugel

Der Zaunkönig, einer der kleinsten Vögel Europas, nistet in einem kugeligen Nest aus weichen Pflanzenmaterialien. Oft baut er mehrere Nester, von denen er eines für die Brut bevorzugt und ausbaut – vielleicht ist es ja diese Nistkugel.

1 Ritzen Sie mit dem Cutter in vier Weidenruten in der Mitte je einen 3–4 cm langen Schlitz. Für das Bodenkreuz legen Sie die zwei nicht aufgeschlitzten Ruten überkreuz und schieben die 4 aufgeschlitzten Ruten wie auf dem Foto darüber.

2 Biegen Sie zehn Weidenrutenenden zu einer Kugel zusammen und flechten die beiden übrigen Weidenruten um die nach oben gestellten Ruten zu einem kleinen, nestförmigen Bodengerüst. Wählen Sie dazu zwei gegenüberliegende Weidenruten. Binden Sie nun die Weidenruten oben mit Kordel zusammen. Schneiden Sie die überstehenden Enden der Ruten ab.

3 Flechten Sie Heu, Grashalme und Moos so um Boden und Weidenruten, dass ein napfförmiges Nest entsteht. Gestalten Sie dann mit den Materialien oberhalb des Nests eine kleine Öffnung. Umhüllen Sie auch die restlichen Ruten mit Heu, Halmen und Moos zu einer geschlossenen Nistkugel. Dabei müssen Sie nicht ganz so sorgfältig arbeiten, denn Zaunkönige bessern mögliche offene Stellen aus.

4 Binden Sie die Aufhängeschnur ans obere Ende und bringen Sie die Nistkugel im dichten Gebüsch oder zwischen Fassadengrün an.

Material
▌ 6 dünne, weiche Weidenruten, 70 cm lang
▌ Moos
▌ Heu oder trockene Grashalme
▌ Naturbast, Kordel oder Schnur zum Aufhängen

Werkzeug
◆ Cutter
◆ Gartenschere

Unten So werden die Weidenruten miteinander verflochten.

Tipp

Durch Bestreichen mit Buttermilch erhält die Vogeltränke ein verwittertes Aussehen.

Vogel-Kneipe XXL

Trinken ist für Vögel genauso lebenswichtig wie essen – und zwar rund ums Jahr. Im kühlen Nass baden manche gefiederten Gäste sicherlich auch gern. Machen Sie doch gleich noch ein zweites Becken und bieten Sie es, mit Sand gefüllt, als reinigendes Vogelbad an.

1 Geben Sie den feuchten Sand auf Zeitungspapier oder in eine Schubkarre und formen Sie einen Hügel daraus, der größer ist als das Rhabarberblatt. Fetten Sie die Unterseite des Rhabarberblattes mit Speiseöl ein und legen Sie es mit der Oberseite nach unten gewölbt auf den festgeklopften Sandhügel.

2 Mischen Sie den Zement nach der Packungsanleitung. Er muss erdfeucht bröselig sein, nicht breiig. Kippen Sie den Zement auf das Blatt und verteilen Sie ihn gleichmäßig darüber. Er sollte eine Dicke von 5 cm haben. Die glatte Oberfläche erreichen Sie durch Festklopfen.

3 Legen Sie den Kaninchendraht lose auf den Zement und schneiden Sie ihn rundum so zurecht, dass er 5 cm kleiner als das Blatt ist. Für die spätere Anbindung des Sockels machen Sie in der Mitte des Kaninchendrahts acht sternförmige Schnitte.

4 Für den Sockel kleiden Sie den Eimer mit Folie aus und kippen den Zement hinein. Stampfen Sie den Zement richtig fest, holen Sie ihn aus dem Eimer und ziehen Sie die Folie ab. Geben Sie den Sockel auf das Blatt, stülpen Sie den Kaninchendraht darüber und verbinden Sie Sockel und Blatt mit einer mindestens 3 cm dicken Schicht Zement. Dabei dient der Kaninchendraht als Bewährung. Lassen Sie den Zement eine Woche trocknen. Drehen Sie die Tränke um. Entfernen Sie den Sand mit Wasser und Bürste aus den Blattritzen.

Material
▌ Sand
▌ Unbeschädigtes Rhabarberblatt
▌ Speiseöl
▌ Fertigbeton aus dem Baumarkt
▌ Kaninchendraht
▌ Feuchter Sand
▌ Folie

Werkzeug
◆ Zeitungspapier oder Schubkarre
◆ Pinsel
◆ Drahtschere
◆ Eimer
◆ Bürste

Unten So wird der Kaninchendraht über den Sockel gestülpt.

Gourmet-Tempel

Dieses elegante Vogelfutterhaus ist nicht nur besonders dekorativ, dank des großzügigen Abstands zwischen Boden und Dach lädt es auch Vögel ein, die sich ungern in enge Behausungen wagen. Viel Freude beim Beobachten der munteren Vogelschar!

1 Lassen Sie sich die einzelnen Sperrholzbretter im Baumarkt fertig zuschneiden.

2 Legen Sie die Decke mittig auf den Boden und fixieren Sie die beiden Platten mit einer Schraubzwinge. Alternativ können Sie sie auch provisorisch mit zwei Schrauben fixieren, die Sie danach wieder entfernen. Markieren Sie an beiden Teilen eine Stirnseite mit einem Bleistiftstrich, damit Boden und Decke beim Zusammenbauen genauso platziert sind wie beim Bohren.

3 Reißen Sie die zehn Löcher für die Rundstäbe entsprechend dem Bauplan auf der Deckenplatte an. Anschließend bohren Sie mit einem 12-mm-Bohrer komplett durch Decke und Boden. Dann lösen Sie Decke und Boden wieder.

4 Aus dem Rundstab sägen Sie zehn je 25 cm lange Wandsäulen. Brechen Sie alle Kanten der Wandstäbe mit Schleifpapier, damit sie später leichter in die vorgesehenen Löcher eingeschlagen werden können.

5 Damit das Dach ohne Zwischenraum an den Giebel gefügt werden kann, schneiden Sie an jeder Dachplatte mit der Säge eine 65 Grad schräge Längskante (Anschlag der Säge auf 65 Grad neigen).

6 Als letzte Vorbereitungsarbeit sägen Sie die beiden Giebelwände laut Bauplan zu. Auch hier empfiehlt es sich, die beiden Platten aufeinanderzulegen, mit Schraubzwingen (oder provisorischen Schrauben) zu fixieren und in einem Arbeitsgang zurechtzuschneiden.

Material

- Sperrholzbrett, 35 x 40 x 2,4 cm (Boden)
- Sperrholzbrett, 28 x 33 x 1,5 cm (Decke)
- 2 Sperrholzbretter, 35 x 8 x 1,5 cm (Giebel)
- 2 Sperrholzbretter, 24 x 40 x 0,9 cm (Dach)
- Rundstab, 2,5 m lang, 1,2 cm Durchmesser
- 18 Schrauben
- Wasserfester Holzleim
- Grüne Acrylfarbe
- Flache Futterschale

◆ Eine Konstruktionsskizze sowie Angaben zum Werkzeug finden Sie auf der folgenden Seite.

Konstruktionsskizze zum Nachbauen

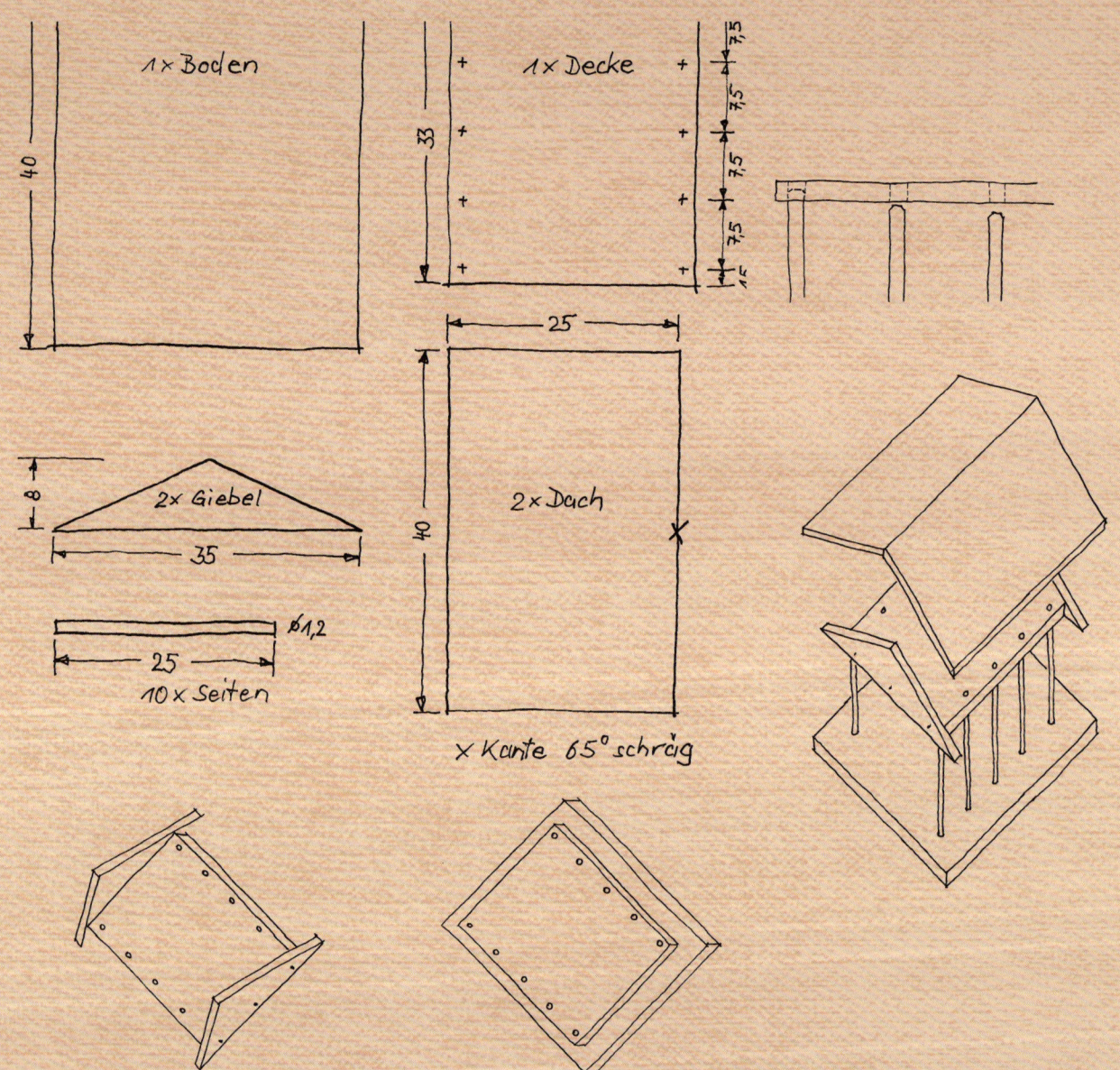

1 × Boden

40

1 × Decke

33

7,5
7,5
7,5
7,5
7,5
1,5

8

2 × Giebel

35

⌀ 1,2

25

10 × Seiten

25

40

2 × Dach

x

x Kante 65° schräg

7 Schrauben Sie nun die Giebelwände auf beiden Seiten gleichmäßig überstehend an die Stirnkanten der Decke.

8 Geben Sie in die Löcher der Bodenplatte Leim. Schlagen Sie mit dem Hammer die Wandstäbe zunächst unterschiedlich tief in die Bodenlöcher ein – so lässt sich die Decke leichter montieren, da Sie die Deckenlöcher nacheinander einfädeln können.

9 Geben Sie in die Bohrlöcher der Decke etwas Leim. Legen Sie die Deckenplatte auf die Wandstäbe. Achten Sie darauf, dass sie genau so liegt wie beim Bohren. Fädeln Sie die Wandstäbe in die entsprechenden Löcher in der Deckenplatte ein. Je besser Sie die Kanten der Wandstäbe gebrochen haben, umso leichter fällt dieser Arbeitsschritt. Denn nun zählt Geschwindigkeit, da der Leim schon bald aus den Löchern heraustropft. Treiben Sie die Wandstäbe mit gezielten Hammerschlägen so weit in die Bohrlöcher, bis sie unten und oben bündig sind.

10 Zuletzt schrauben Sie die beiden Dachplatten auf die Giebelwände. Anstreichen, aufstellen, Tablett mit Vogelfutter hineinstellen – fertig. Das lose Tablett lässt sich leicht mit warmem Wasser und einer Bürste reinigen oder, je nach Material, auch in der Spülmaschine.

Werkzeug

- Schraubzwinge
- Bleistift
- Bohrmaschine
- Säge
- Schleifpapier
- Akkuschrauber
- Hammer
- Pinsel

Tipp

Das Futterhaus kann an einer ruhigen Stelle wahlweise aufgehängt oder auf einem Ständer, Tisch oder Pfosten aufgestellt werden. Wichtig: regelmäßig putzen!

Hängendes Wirtshaus

Besonders die Vögel, die gern auf dem Boden ihre Nahrung suchen, können ganz einfach auf diesem hängenden Wirtshaus Platz nehmen und sich an den angebotenen Köstlichkeiten – Wildfrüchten, aber auch Sonnenblumenkernen, Rosinen, Erd- und anderen Nüssen – bedienen.

1 Weidenzweige können Sie an frostfreien Wintertagen schneiden. Kürzen Sie sie auf die erforderlichen Längen. Knoten Sie Bast oder Schnur an zwei der 20 cm langen Weidenzweige (B) und legen Sie diese am Rand quer auf die nebeneinander ausgebreiteten Weidenzweige für den Boden (A). Die Grundfläche beträgt rund 30 x 20 cm.

2 Verbinden Sie die Bodenzweige mit dem Randzweig, indem Sie Bast oder Schnur wie folgt führen: unter den ersten Bodenzweig, über den Randzweig, unter den zweiten Bodenzweig, über den Randzweig und so weiter. Wenn Sie die Schnur unter den letzten Bodenzweig gezogen haben, machen Sie dasselbe noch einmal vom letzten Zweig zurück zum ersten. Schneiden Sie die Schnur ab und verknoten Sie sie. Wichtig: Ziehen Sie die Schnur stets straff an!

3 Teilen Sie die Aufhängezweige (C) in vier gleiche Partien. Verbinden Sie sie an jeder Ecke mit Rand- und Bodenzweigen durch Umwickeln mit Bast oder Schnur. Fügen Sie dabei auf jeder Längsseite übereinander je zwei Weidenzweige (D) sowie auf der kurzen Breitseite den jeweils zweiten Randzweig (B) oberhalb des ersten ein. Binden Sie die freien Enden der Aufhängezweige (C) mit Bast oder Schnur zusammen.

4 Nun befestigen Sie das hängende Wirtshaus im Geäst von Bäumen, an einer Pergola oder an einer anderen Stelle, zu der die Vögel freien Anflug haben.

Material

- Ca. 20 Weidenzweige für den Boden, 30 cm lang (A)
- 4 Weidenzweige für den Rand, 20 cm lang (B)
- Ca. 30 Weidenzweige für die Aufhängung, 90–120 cm lang (C)
- 4 Weidenzweige für den Rand, 30 cm lang (D)
- Naturbast oder dünne Schnur

Werkzeug

- Gartenschere
- Schere

Vogel-Cookies

Gerade in der kalten Jahreszeit brauchen Vögel zum Überleben hochwertige Fette mit nahrhaften Körnern – nur so haben sie ausreichend Energie, um ihre über 41 Grad hohe Körpertemperatur aufrechterhalten zu können.
All das bieten die leckeren Vogel-Cookies.

1 Lassen Sie das Fett in einem Topf flüssig werden, es darf nicht sieden! Rühren Sie in das flüssige Fett Kleie, Haferflocken und weitere Zutaten ein. Damit die Cookies bei frostigen Temperaturen nicht zu hart werden, mischen Sie noch ein paar Löffel Sonnenblumenöl unter. Lassen Sie die Mischung ein wenig abkühlen.

2 Breiten Sie die Plätzchenförmchen auf Backpapier oder einer Backunterlage aus. Geben Sie die abkühlende Fettmischung in die Förmchen und lassen Sie sie vollständig abkühlen, am besten im Kühlschrank oder – im Winter – an einem geschützten Platz im Freien.

3 Erwärmen Sie die Spitze der Stricknadel an einer Flamme und bohren Sie damit ein Loch zum Aufhängen in die Cookies. Lösen Sie die Cookies aus den Förmchen (Sie können sie auch in den Förmchen belassen), fädeln Sie Bändchen oder Schnur durch das Loch und verknoten Sie die Enden. Hängen Sie die Cookies an einem schattigen Platz auf.

Tipp

Sie können die Cookie-Masse auch in einer Backform für Cakepops zubereiten. Mit einem halben Schaschlikspieß als Stiel stecken Sie die Cookies in den Blumenkasten.

Material
▌ 200 g Kokosfett oder Rindertalg
▌ 140 g Weizenkleie
▌ 60 g Vollkornhaferflocken
▌ 100 g Körner und Saaten für Vögel (geschälte und ungeschälte Sonnenblumenkerne, Hanf, Mohn, geschrotete Erdnüsse, gehackte Hasel- und Walnüsse), auch Rosinen
▌ Sonnenblumenöl
▌ Bändchen oder Paketschnur zum Aufhängen

Werkzeug
◆ Kochtopf
◆ Plätzchenförmchen
◆ Metallene Stricknadel

Vogel-Kantine

Aus einer leeren Milchtüte basteln Sie mit wenigen Handgriffen diese funktionelle Gourmet-Kantine. Im Tagesangebot sind Sonnenblumenkerne, Erdnüsse, Hirse, Hanf und andere Körner. Verzichten Sie auf Weizenkörner, die von Meisen und Co. nicht gefressen werden.

1 Spülen Sie die Milchtüte gründlich aus und lassen Sie sie bei geöffnetem Deckel trocknen. Schneiden Sie mit einem scharfen Messer alle vier Ecken im Abstand von 3 cm zum Boden 1,5 cm weit waagerecht ein. Drücken Sie an allen vier Schnitten die darüber befindliche Milchtütenwand nach innen ein. So entstehen vier Taschen, aus denen sich die Vögel mit Futter bedienen können.

2 Bohren Sie auf allen Seiten je ein Loch für die Holzstäbe, auf denen die Vögel beim Besuch der Kantine landen können: auf jeweils zwei gegenüberliegenden Seiten einmal mit 1 cm, einmal mit 2 cm Abstand zum Boden. Führen Sie die Holzstäbe durch die jeweils gegenüberliegenden Löcher.

3 Machen Sie mit dem Locher ein Loch in die – wieder geschlossene – obere Klebelasche, um die Kantine aufhängen zu können. Dazu fädeln Sie einfach die reißfeste Schnur durch das Loch und verknoten die Enden.

4 Wenn die Kantine unansehnlich geworden ist oder unangenehm riecht, entsorgen Sie sie einfach auf dem Wertstoffhof und bauen eine neue.

Material
- Leere Milchtüte
- 2 Holzstäbe, 17 cm lang
- Schnur zum Aufhängen

Werkzeug
- Messer
- Hand- oder Akkubohrer
- Locher

Tipp

Eröffnen Sie mehrere Kantinen im Garten. So erreichen Sie noch mehr Vogelgäste.

Gasthaus »Zur glücklichen Feder«

Meisen, Kleiber, Grünfinken und andere Vögel, mitunter sogar die hübschen Buntspechte, bedienen sich gern an diesem Gasthaus, in dem Sie Sonnenblumen (auch solche mit unreifen, »milchreifen« Samen), Meisenknödel oder geschälte Äpfel anbieten. Der besondere Service: wechselnder Mittagstisch!

Material

- Holzbrett, 22 x 16 cm
- 3 Holzbretter für Boden und Dach, 20 x 6 cm
- Schaschlikspieß
- 7 Schrauben
- Acrylfarbe Ihrer Wahl

Werkzeug

- Bleistift
- Lineal
- Stichsäge
- Akkuschrauber
- Feile
- Pinsel

1 Zeichnen Sie auf dem großen Holzbrett die Schrägen für das Dach sowie das 12 cm große Loch ein. Sägen Sie die Schrägen für das Dach ab. Um das Loch auszusägen, bohren Sie zunächst ein großes Loch in Randnähe. Wenn Sie nun die Stichsäge durch dieses Bohrloch führen, können Sie das große Loch aussägen.

2 Bohren Sie innen auf jeder Seite des Lochs ein feines Loch auf gleicher Höhe, durch das der Schaschlikspieß geführt wird. Er hält die Speisen im Gasthaus.

3 Feilen Sie alle Kanten und Sägeflächen glatt.

4 Stellen Sie das Gasthaus auf das Bodenbrett und markieren Sie darauf dessen Stand. Bohren Sie drei Löcher in das Bodenbrett, durch die Sie es von unten an das Gasthaus schrauben.

5 Sägen Sie die beiden Bretter fürs Dach schräg auf Gehrung. Bohren Sie je zwei Löcher in die Dachbretter und schrauben Sie sie an dem Gasthaus fest.

6 Nach Belieben können Sie das Gasthaus weiß oder farbig lasieren, bunt mit Acrylfarben bemalen oder in Natur belassen.

Tipp

Auch aus einem Holzbilderrahmen zaubern Sie ein Vogel-Gasthaus: Loch in den Rahmen bohren, Haken aus Baumarkt eindrehen, Meisenknödel dranhängen und ins Geäst der Bäume hängen.

Tipp

Pflanzen Sie die früchtetragenden Wildsträucher in Ihren Garten. Dann können Sie auf leichte Weise Wildfrüchte für den Kranz sammeln – und die restlichen lassen Sie einfach für die Vögel hängen.

Rotkehlchens Bistro

Die hübschen, oft zutraulichen Rotkehlchen stehen als Weichfutterfresser besonders auf verschiedene Früchte wie Pfaffenhütchen oder Hagebutten. Diese Vorliebe teilen sie mit Drosseln, Grasmücken, Kleiber, Gimpel und anderen Vögeln, die sich auch in Rotkehlchens Bistro einfinden werden.

1   Sammeln Sie die Wildfrüchte, Hagebutten, Zapfen und Blätter. Achten Sie beim Schneiden darauf, dass die einzelnen Pflanzenteile mindestens 20 cm lang sind. Vogelbeeren geben Sie über Nacht in die Gefriertruhe. Die frostigen Temperaturen nehmen den Früchten den bitteren Geschmack.

2   Nehmen Sie nun ein paar Pflanzenteile zusammen und umwickeln sie vom freien Ende her fest mit Bindedraht. Je mehr Pflanzenteile Sie dazu verwenden, umso dicker wird der Kranz.

3   Nehmen Sie die nächsten Pflanzenteile zur Hand, legen Sie diese etwas versetzt an und umwickeln Sie die freien Enden ebenfalls mit Bindedraht.

4   Auf diese Weise fügen Sie nach und nach die Pflanzenteile zu einer Girlande zusammen, die Sie während der Arbeit zu einem Kranz formen. Hat der Kranz die gewünschte Größe erreicht, schließen Sie ihn mit Bindedraht. Mehr Festigkeit bekommt der Kranz, wenn Sie einen langen Zweig als Kern des Kranzes verwenden (mit Bindedraht zusammenbinden) und an diesem die Früchte, Blüten, Zapfen und Blätter mit Bindedraht befestigen. Hängen Sie den Kranz mit einer Schnur auf der Terrasse, an einem Geländer oder einer geschützten Wand auf.

5   Binden Sie für Stieglitze noch ein oder zwei Hirsekolben in den Kranz.

Material

- Wildfrüchte von Efeu, Faulbaum, Hartriegel, Liguster, Pfaffen-hütchen, Schneeball, Trauben-holunder, Vogelbeere
- Hagebutten
- Efeublätter
- Stechpalmenblätter
- Erlenzapfen
- Maiskolben
- Evtl. Hirsekolben
- Bindedraht
- Schnur

Werkzeug

- Gartenschere
- Drahtschere

Nuss-Büfett

Vögel stehen auf Erdnüsse, denn diese liefern wertvolle Proteine und Fettsäuren. Auch ohne Futterhaus und Futtersäule können Sie den Vögeln diese wertvollen Nüsse anbieten, etwa auf Balkon oder Terrasse. Wichtig: Stellen Sie das Nuss-Büfett an einem überdachten Platz auf, der frei angeflogen werden kann!

1   Füllen Sie drei Handvoll Erdnüsse in das Netz. Halten Sie das Netz so, dass die Längsseite unten ist. So verteilen sich die Erdnüsse entlang dieser Längsseite. Rollen Sie das Netz an der oberen Längsseite sorgfältig auf. Es bildet eine Rolle, in der die Erdnüsse in einem Strang zu liegen kommen. Nähen Sie das aufgerollte Netz so mit ein paar groben Stichen zusammen. Legen Sie den Erdnussstrang um die Blumen in der Blumenschale. Falls nötig, können Sie den Erdnussstrang mit halbierten Schaschlikstäben in der Erde fixieren.

2   Füllen Sie die halbe Kokosnussschale mit Erdnüssen und platzieren Sie sie ebenfalls in der Blumenschale.

3   Zuletzt bringen Sie noch ein paar Meisenknödel mithilfe der Schaschlikstäbe an.

Material
- Kartoffel-, Zwiebel- oder Orangennetz
- Erdnüsse ohne Schale
- Nähgarn
- Bepflanzte Blumenschale
- Kokosnusshälfte oder ähnliche Schale
- Meisenknödel
- Hölzerne Schaschlikstäbe

Werkzeug
- Nähnadel
- Schere

Tipp

Verwenden Sie nur ungesalzene, ungeröstete Erdnüsse, die als Vogelfutter im Handel angeboten werden. Bieten Sie keine schimmeligen oder ranzigen Nüsse an.

Vogels Kissenstudio

Meisen, Spatzen und viele andere Vögel polstern ihr Nest mit weichem Material aus. Die Vogeleltern fliegen auf der Suche nach Moos, Federn, Haaren und anderem Nistmaterial weit umher – sicherlich auch zu Ihrem Kissenstudio.

Material

- Kartoffel-, Zwiebel- oder Orangennetz
- Weiches Nistmaterial (Federn aus altem Kopfkissen, ausgekämmte Pferdehaare)
- Schnur, Band oder Kordel, 1 m lang
- Stück Rinde

Werkzeug

- Schere
- Handbohrer oder Akkuschrauber

1 Füllen Sie das Nistmaterial in das Netz. Es darf ruhig dicht mit Material vollgestopft sein. Verschließen Sie das obere Ende des gefüllten Netzes mit einer Drehbewegung und binden Sie es mit der Schnur zusammen. Dabei sollten beide Schnurenden gleich lang sein. Damit das Rindendach nicht direkt auf dem Netz liegt, sollten Sie 5–10 cm oberhalb des Netzes einen dicken Doppelknoten in die Schnur machen. Nehmen Sie dazu einfach die beiden Schnurenden in die Hand.

2 Bohren Sie mit dem Bohrer ein Loch in das Rindenstück, das als Dach die Federn vor dem Nasswerden schützt. Fädeln Sie die beiden Enden der Schnur von unten durch das Loch in der Rinde. Die Unterseite der Rinde bleibt dabei auf dem Knoten liegen. Verknoten Sie die Schnurenden zu einer Aufhängeschlinge.

3 Ab März hängen Sie den Federspender ins Geäst von Bäumen und Sträuchern: Nun ist das Kissenstudio geöffnet.

Tipp

Halten Sie auch eine Lehmstelle im Garten offen und feucht, denn nicht nur Schwalben, auch Amseln und andere Vögel brauchen dieses Material für ihre Nester.

WENN ICH EINEN GRÜNEN ZWEIG

IM HERZEN TRAGE

LÄSST SICH EIN VOGEL DARAUF NIEDER

Vogelsichere Scheiben

Vögel können keine Fensterscheiben sehen. Ungebremst fliegen sie millionenfach in die unsichtbaren Hindernisse, viele kommen dabei zu Tode. Wenn Sie keine Spezialfensterscheiben in Ihrem Haus besitzen, können Sie so die Fenster anflugsicher machen.

1 Fensterscheiben in Wintergärten, in der Nähe von Futterstellen und Vogelnähr- und -niststräuchern sowie überall dort, wo Vögel fliegen, sollten unbedingt anflugsicher sein. Suchen Sie sich einen Spruch aus, der Ihnen gefällt. Er kann zu Ihrer derzeitigen Stimmung passen oder zur Jahreszeit. Oder Sie malen ein Bild aufs Glas.

2 Schreiben Sie den Text mit den bunten Fenstermalstiften auf die Scheibe, die Kreiden ergeben halbtransparente Buchstaben. Achten Sie darauf, dass der Abstand zum Fensterrahmen und zwischen den Buchstaben nicht größer als 6–8 cm ist.

3 Alternativ können Sie das Fenster mit bunten Window-Color-Bildern dekorieren. Auch hier gilt, dass der Abstand zum Rahmen und zwischen den einzelnen Bildern nicht größer als 6–8 cm sein darf. Im Handel ist außerdem ein spezieller UV-Stift (birdpen) erhältlich, mit dem Sie wie mit einem Edding-Stift ein Gitternetz aus Linien auf der Außenseite der Fensterscheibe auftragen können. Die Linien sind für uns kaum sichtbar, wohl aber für Vogelaugen, die UV-Licht wahrnehmen können.

Material

▌ Fenstermalkreide oder Fenstermalstifte oder Glasstifte

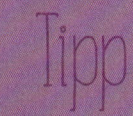

Tipp

Die üblichen, oft nur einzeln aufgeklebten Greifvogelsilhouetten schrecken Vögel nicht ausreichend ab.

51

Dekorativ & nützlich für Igel & Co.

Igel, Eichhörnchen, Fledermäuse – wer beobachtet sie nicht gerne? Mit diesen Bau-Ideen locken Sie verschiedene heimische Säugetiere in Ihren Garten.

Was sich Igel & Co. im Garten wünschen

Mit den Vögeln gehören diese Säugetiere zu den beliebtesten Gästen im Garten – sie sind nicht nur putzig anzusehen und fallen durch intelligente Verhaltensweisen auf, Igel, Spitz- und Fledermaus vertilgen auch Schnecken, Mücken und andere Kleintiere, die uns bei übergroßer Anwesenheit lästig sind.

Im natürlich bewirtschafteten Garten stellt sich eine Vielzahl an Säugetieren ein, deren Größenspektrum von Spitz- und Fledermaus bis zu – ja, in manchen Gärten ist das so – Fuchs und Reh reicht. Igel, Eichhörnchen, Fledermäuse und all die anderen Kleinsäuger finden meist von allein in den Garten. Ob sie jedoch den Garten nur als Durchlaufstation nutzen oder sich dort länger aufhalten, hängt auch davon ab, wie »interessant« er als Lebensraum ist. Bietet er genügend tierische und pflanzliche Nahrung, Unterschlupf- und Schutzmöglichkeiten? Mit einigen wenigen zusätzlichen Angeboten können Sie Ihren Garten noch attraktiver für Säugetiere machen. Dazu gehören ein Stück Wildnis mit Brennnesseln und anderen heimischen Wildkräutern (einst als »Unkräuter« verpönt), lockeren Holz- und Steinhaufen und einem Stück offenen Boden, heimische blühende und früchtetragende Wildsträucher wie zum Beispiel die Gemeine Hasel, eine artenreiche Wildblumenwiese, ein Komposthaufen und ein Hausbaum, den das Eichhörnchen besonders verlockend findet.

Ärgern Sie sich nicht, wenn der scheue Maulwurf (auch ein Säugetier) in Ihrem Garten seine Maulwurfhügel aufwirft: Sie sind ein Zeichen dafür, dass der Boden gesund und voller wichtiger Bodentiere ist. Katzen hingegen sollten Sie den Weg in Ihren Garten versperren, erbeuten sie doch – trotz stets gefüllter Futternäpfe – junge Vögel, Mäuse, Spitzmäuse, Eidechsen und viele andere Tiere, die sich in einem katzenbesiedelten Garten auch deutlich weniger blicken lassen!

Decken Sie Regentonne und andere Wasserbehältnisse stets sorgfältig mit einem Deckel ab, damit Eichhörnchen, Vögel und andere Tiere nicht darin ertrinken.

Oben: Eichhörnchen (links) brauchen Bäume zum Leben, Spitzmaus (Mitte) und Fledermaus (rechts) vor allem jede Menge Insektennahrung.

Tipp

Möchten Sie den im Handel erhältlichen Regentonnen-Plastikdeckel mit Acrylfarben bunt anmalen, sprühen Sie zuvor einen geeigneten Primer auf.

Igel-Landhaus

Tagsüber schätzen Igel eine sichere Unterkunft, in der sie ruhen können –
so wie dieses Landhaus. Dort kommen im Sommer die Jungen zur Welt, und
dicht mit Laub gepolstert nutzt es unser stacheliger Freund auch für den
Winterschlaf. Nicht stören!

1 Zeichnen Sie am oberen Rand einer der Längsseiten der Holzkiste einen Torbogen auf, der 10 cm breit und 10–15 cm hoch ist. Sägen Sie den Torbogen mit einer Stichsäge aus.

2 Bemalen Sie die Außenwände des Igel-Landhauses nach Wunsch und Fantasie bunt. Verwenden Sie dazu umweltfreundliche Farben. Sie können das Holz selbstverständlich auch natürlich belassen.

3 Legen Sie die Dachpappe außen über den Boden der Holzkiste, sodass sie an allen Seiten übersteht. Heften oder nageln Sie die Dachpappe am Rand fest.

4 Suchen Sie im Garten einen geschützten schattigen Platz zwischen Sträuchern und dichter Bodenvegetation. Verteilen Sie ein paar Handvoll Laubstreu auf dem Platz und stellen Sie die Holzkiste umgekehrt darauf.

5 Bedecken Sie das Igel-Landhaus mit Erde oder Laubstreu oder lassen Sie es mit Bodendeckern (Immergrün, Efeu) bewachsen.

Material

❙ Holzkiste, 20 x 30 x 15 cm
❙ Stück Dachpappe, 30 x 40 cm
❙ Einige kleine Nägel
❙ Acrylfarbe Ihrer Wahl

Werkzeug

◆ Bleistift
◆ Stichsäge
◆ Universalpinsel
◆ Hammer

Tipp

Auch aus Natursteinen können Sie ein 20 x 30 x 15 cm großes Igelhaus bauen. Legen Sie die Steine am vorgesehenen Platz aus. Eine Steinplatte dient als Dach.

Tipp

Igel haben auch Durst.
Füllen Sie täglich frisches Wasser in
eine flache Schale. Gießen Sie auf
keinen Fall Milch ein!

Gaststätte »Zum stacheligen Igel«

In naturnahen Gärten finden Igel reichlich Insekten und andere Kost. Füttern ist dort nicht notwendig. Da es aber Freude macht, einen Igel zu beobachten, können Sie ihm den Tisch in dieser Gaststätte decken – wichtig: das richtige Futter!

1 Kneten Sie zwei Handvoll Ton weich. Klopfen Sie ihn dabei fest auf, damit mögliche Luftblasen entweichen können. Formen Sie aus dem Ton eine flache Schale in Igelform oder nach eigener Fantasie. Lassen Sie die Schale mehrere Tage lang trocknen.

2 Lassen Sie die Schale in einem Brennofen brennen. Erkundigen Sie sich bei der örtlichen VHS oder einer Kunstschule nach Brennmöglichkeiten.

3 Mischen Sie das Katzenfutter aus der Dose mit etwas Igeltrockenfutter, Weizenkleie oder Haferflocken. Ab und zu können Sie auch ein ungewürztes, ungesalzenes Rührei unters weiche Katzenfutter rühren. Bieten Sie das Futter abends dem Igel in der Schale an.

4 Um Katzen vom Futter fernzuhalten, können Sie die Futterschale unter eine umgestülpte Pappkiste stellen, in die Sie zuvor ein 10 x 10 cm großes Einschlupfloch geschnitten haben.

5 Wenn Sie im Spätherbst einen Igel finden, der weniger als 500 g wiegt, wenden Sie sich an einen örtlichen Naturschutzverband.

Material

Für die Futterschale
❙ Ton zum Töpfern

Für das Igelfutter
❙ Katzennassfutter
❙ Igeltrockenfutter
❙ Weizenkleie
❙ Haferflocken

Werkzeug
◆ Schüssel
◆ Löffel

Igel-Pforte

Um satt zu werden, braucht der Igel mehr als nur einen Garten. Ein bis zwei Kilometer legt er jede Nacht bei der Nahrungssuche zurück. Damit er bequem Ihren Garten betreten und auch wieder verlassen kann, öffnen Sie im Zaun kleine Igel-Pforten.

1 Machen Sie einen Grenzgang um Ihren Garten und versetzen Sie sich dabei in in die Lage eines Igels: Wo gibt es Öffnungen, die mindestens 10 cm hoch und 10 cm breit sind, durch die der Igel den Garten betreten kann? Haben Sie mehrere entdeckt, ist alles bestens. Wenn nicht, dann greifen Sie zum Werkzeug. Suchen Sie mindestens eine Stelle im Zaun aus, an der Sie eine Igel-Pforte anlegen. Besser sind natürlich mehrere.

2 Holzzaun: Sägen Sie die Zaunlatten oder -bretter so ab, dass ein 10–15 cm hoher und 10–15 cm breiter Durchlass entsteht. Sie können den Durchlass auch mit bunt bemalten Holzlatten umrahmen und so ein Portal gestalten. Ein Schriftzug »Igel willkommen« sieht besonders einladend aus.

3 Maschendrahtzaun: Entfernen Sie an der Igel-Pforte vorsichtig den Maschendraht. Verknüpfen Sie die Enden der Drähte sorgfältig, damit sich der Igel nicht verletzen kann.

4 Ist Ihr Grundstück von einem gemauerten Zaun umgeben, schauen Sie sich die Bereiche um das Tor genauer an. Vielleicht können Sie dort eine Igel-Pforte schaffen. Oder Sie legen ein Rohr (Durchmesser 12–15 cm) durch die Mauer. Achten Sie darauf, dass in dem Rohr kein Wasser stehen bleiben kann!

Werkzeug
◆ Säge
◆ Drahtschere

Unten Schon kleine Durchgänge genügen, damit ein Igel Ihren Garten besuchen kann.

Tipp

Prüfen Sie Ihren Teich auf Rettungs-
möglichkeiten für Igel und Co. Er sollte flache Uferböschungen aufweisen
oder Trittsteine, über die die Tiere
das Wasser verlassen können.

Pont du Igel

Wie fast alle Tiere können auch Igel schwimmen, sollten sie ein unfreiwilliges Bad in Teich oder See nehmen müssen. Doch wie soll der kleine Igelkörper mit den kurzen Beinen aus dem Wasser herauskommen? Ganz einfach: über diesen »Pont du Igel«.

1 Verwenden Sie am besten kein Holzbrett aus Fichte oder Kiefer, sondern eines aus Lärche, Eiche oder Akazie. Diese sind langlebiger.

2 Sägen Sie die Holzleiste in zehn Stücke, die jeweils 15 cm lang sind. Bohren Sie in jedes Leistenstück zwei Löcher vor mit einem Abstand von je 2,5 cm zum Rand.

3 Schrauben Sie die erste Leiste mit zwei Schrauben auf das Holzbrett, der Abstand zum unteren Rand sollte 10 cm sein. Anschließend schrauben Sie die restlichen Leisten auf das Holzbrett. Dabei beträgt der Abstand zwischen den Leisten jeweils 10 cm.

4 Sie können die Länge des »Pont du Igel« natürlich beliebig variieren und den Verhältnissen in Ihrem Gartenteich anpassen. Bei sehr großen Teichen mit steilen Ufern können Sie auch mehrere Ausstieghilfen anbieten.

Material
▮ Holzleiste, 2 x 2 cm, 150 cm lang
▮ Holzbrett, 120 x 15 cm
▮ 20 verzinkte Schrauben oder Edelstahlschrauben

Werkzeug
◆ Säge
◆ Lineal
◆ Bohrmaschine
◆ Schraubenzieher oder Akkuschrauber

Fledermaus-Datscha

Fledermäuse bedürfen unseres ganz besonderen Schutzes:
Sie können diese kleinen Insektenfresser, die nachts bis zu 1.000 Stechmücken verzehren, durch die Schaffung und den Erhalt von Quartieren unterstützen. Wie wäre es mit dieser Datscha für die Sommerfrische?

1 Sägen Sie die einzelnen Holzbretter in den angegebenen Größen zurecht. Beim Zuschnitt der oberen Kante der Rückwand stellen Sie den Anschlag der Säge auf 79 Grad, damit das schräge Dach später vollflächig aufliegt.

2 Nuten Sie die Vorderseite der Rückwand mit einer Handkreissäge. Dabei haben die einzelnen Nuten zueinander einen Abstand von ca. 2 cm und sind etwa 5 mm tief. In diesen Nuten finden die Fledermäuse Halt, wenn sie kopfunter in der Datscha ruhen. Wenn Sie ein sägeraues Holzbrett für die Rückwand verwenden, können Sie auf die Nuten verzichten.

3 Sägen Sie die Seitenwände um 5 cm schräg. Um später eine Dachschräge zu erhalten, kommt die längere Längskante hinten an die Rückwand, die kürzere vorn an die Front. Den schwierigsten Teil des Fledermaus-Datscha-Baus haben Sie nun geschafft. Der Zusammenbau ist denkbar einfach.

4 Schrauben Sie zuerst die Seitenwände seitlich an die Rückwand. Danach montieren Sie die Front. Es entsteht ein schräger Kasten mit einem Eingangsspalt von 3 cm, ideal für Zwerg- und andere Fledermäuse. Da Fledermäuse zugluftempfindlich sind, geben Sie vor dem Zusammenschrauben Leim auf die entsprechenden Kanten. Dies dichtet den Kasten perfekt ab.

Material

I Holzbrett, 40 x 20 cm (Rückwand)
I 2 Holzbretter, 24 x 10 cm (Seitenwände)
I Holzbrett, 25 x 17 cm (Dach)
I Holzbrett, 24 x 24 cm (Front)
I 24 Schrauben
I Wasserfester Holzleim
I Evtl. Blech oder Dachpappe
I Aufhängöse

◆ Eine Konstruktionsskizze sowie Angaben zum Werkzeug finden Sie auf der folgenden Seite.

Konstruktionsskizze zum Nachbauen

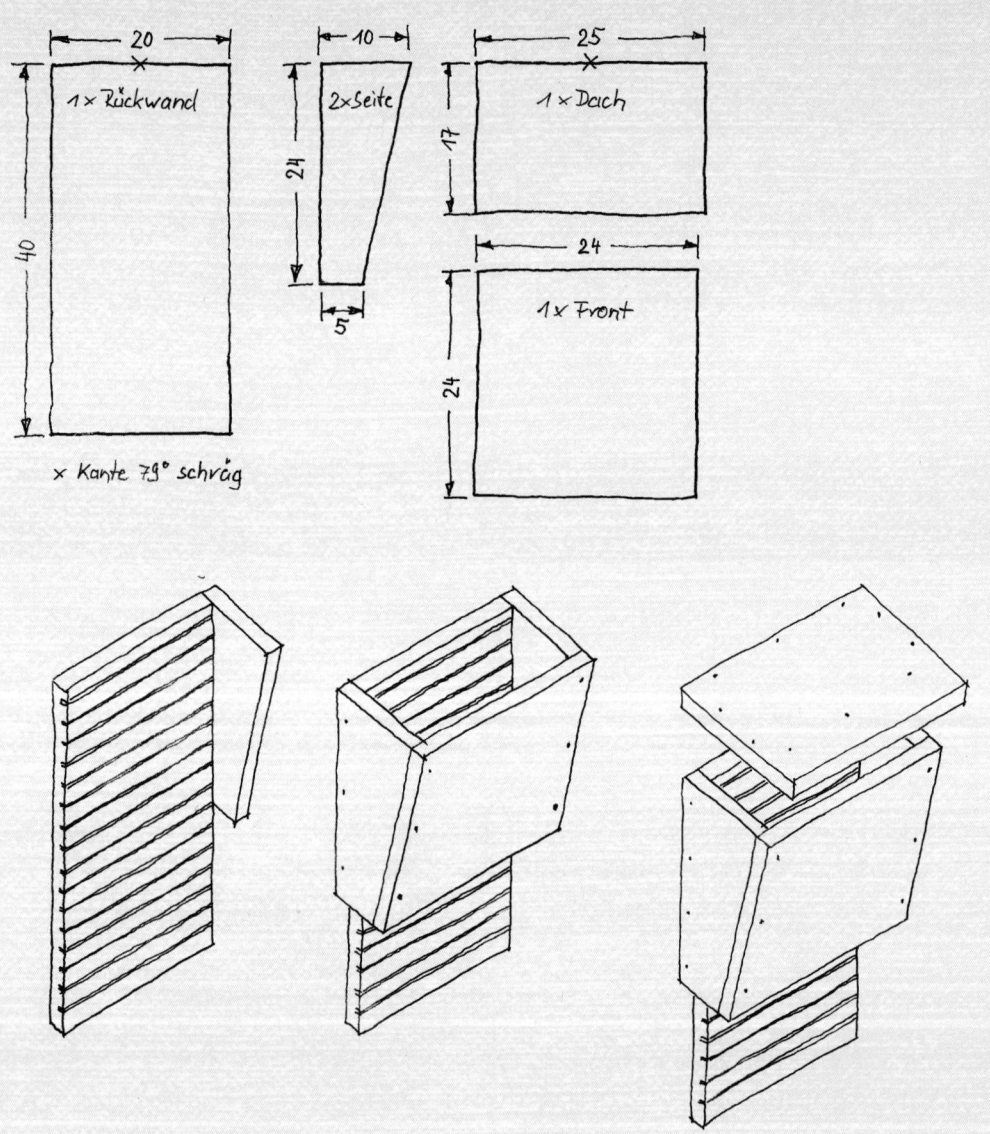

20
1 x Rückwand
40

10
2×Seite
24
5

25
1 × Dach
17

24
1 x Front
24

x Kante 79° schräg

5 Wer die Ansiedlung von Fledermäusen beschleunigen möchte, kann vor der Montage des Daches im Kasteninnern eine Duftmarke installieren. Das könnte zum Beispiel Fledermauskot oder ein Brettchen eines alten, benutzten Fledermauskastens sein.

6 Schrauben Sie das Dach fest, da der Kasten nicht zum Reinigen geöffnet werden muss. Als Verwitterungsschutz können Sie das Dach mit Blech oder Dachpappe beschlagen oder es umweltfreundlich lackieren.

7 Zum Aufhängen des Kastens befestigen Sie an der Rückwand eine Aufhängöse. Hängen Sie den Kasten an einen Baumstamm mit grober Rinde oder an einer nach Süden oder Osten ausgerichteten Hauswand. Der Anflug muss frei zugänglich sein.

Werkzeug

◆ Säge
◆ Lineal
◆ Handkreissäge
◆ Akkuschrauber

Tipp

Wenn Sie den Kasten mit schwarzer Acrylfarbe streichen, heizt sich der Innenraum stärker auf – Fledermäuse lieben es warm.

Tipp

Belassen Sie Öffnungen zu Hohlräumen in Dach oder Schuppen für
die Fledermäuse oder richten Sie
solche ein. Die Öffnungen sollten
einen freien An- und Abflug
aufweisen.

Nachtgespenster-Kate

Zwergfledermäuse und andere heimische Fledermausarten verstecken sich gern in den engsten Spalten und Ritzen. Für diese Nachtgespenster hängen Sie an der Hauswand oder an einem Baumstamm solch einen flachen, nach unten geöffneten Kasten auf.

1 Verwenden Sie sägeraue Holzlatten und -bretter. Bearbeiten Sie die Holzbretter der Rückwand (C) mit dem Stecheisen, sodass »Haltegriffe« für die Fledermausfüße entstehen. Schrauben Sie die beiden Befestigungslatten (B) quer an die Aufhängleiste (A). Dabei befestigen Sie die obere Latte bündig, die untere im Abstand von 10 cm zum Ende der Aufhängleiste. Schrauben Sie die 4 Holzbretter der Rückwand (C) an die Befestigungslatten (B). Achten Sie darauf, dass die mit dem Stecheisen bearbeitete Seite nach vorn weist.

2 Sägen Sie die Holzlatten für die Seitenwände (D) so zurecht, dass sie oben nur 6 cm breit sind. Schrauben Sie die Seitenwände seitlich an die Rückwand. Dazu müssen Sie die Schrauben von hinten anbringen. Bringen Sie die Holzlatte (F) am Rand des untersten Holzbretts der Vorderwand (E) an. Sie verengt die Einflugöffnung. Schrauben Sie nun die 5 Holzbretter der Vorderwand (E) auf die Seitenwände. Nicht vergessen, das Holzbrett mit der Holzlatte (F) ist das unterste! Bringen Sie oben das Dach an.

3 Dichten Sie alle Fugen sorgfältig mit Holzkitt ab, denn Fledermäuse brauchen ein lichtloses Quartier.

4 Hängen Sie die Nachtgespenster-Kate in mehreren Metern Höhe an einem möglichst warmen Platz mit freiem An- und Abflug auf.

Material

- Holzlatte als Aufhängleiste, 8 x 60 cm (A)
- 2 Holzlatten zum Befestigen der Rückwand an der Aufhängleiste, 4 x 32 cm (B)
- 4 Holzbretter für die Rückwand, 8 x 50 cm (C)
- 2 Holzlatten für die Seitenwände, 8 x 32 cm (D)
- 5 Holzbretter für die Vorderwand, 8 x 32 cm (E)
- Holzlatte für die Einflugöffnung, 4 x 32 cm (F)
- Holzbrett fürs Dach, 10 x 32 cm
- 60 Holzschrauben
- Holzkitt

Werkzeug

- Stecheisen
- Akkuschrauber
- Säge

Nussbox

Eichhörnchen stehen auf Nüsse. Aus dieser hübschen Nussbox können sie sich genauso einfach bedienen wie Sie die Box selbst bauen. In die Box füllen Sie (ungeschälte) Haselnüsse sowie gesammelte Eicheln, Bucheckern und andere Baumfrüchte.

1 Kürzen Sie durch einen schrägen Schnitt mit der Säge die Höhe der Seitenwände so ein, dass sie vorn nur noch 16 cm statt 20 cm hoch sind. Sägen Sie mit der Kreissäge etwa 1 cm von der Vorderseite der Seitenwände entfernt eine Nut in jedes Holzbrett, in die die Plexiglasscheibe geschoben wird. Verschrauben Sie Boden, Rückwand und Seitenwände miteinander.

2 Schieben Sie die Plexiglasscheibe in die Nut. Sie ist niedriger als die Seitenwände, damit die Eichhörnchen die Nüsse in der Nussbox riechen können. Sie können die Plexiglasscheibe auch von vorn auf die Seitenwände aufschrauben. Dann muss sie allerdings 14 x 16 cm groß sein.

3 Befestigen Sie den Deckel mit dem Scharnier an der Rückwand.

4 Hängen Sie die Nussbox an einem Platz auf, an dem Sie die Eichhörnchen auch beobachten können.

Material

▮ 2 Holzbretter, 20 x 16 cm (Seitenwände)
▮ Holzbrett, 25 x 16 cm (Boden)
▮ Holzbrett, 30 x 16 cm (Rückwand)
▮ Holzbrett, 20 x 16 cm (Deckel)
▮ Plexiglasscheibe, 14 x 13 cm
▮ 16 Schrauben
▮ Scharnier

Werkzeug

◆ Säge
◆ Kreissäge
◆ Schraubendreher oder Akkuschrauber

Tipp

Verwenden Sie zum Bemalen der Nussbox nur lösungsmittelfreie Farben wie Acrylfarben.

Eichhörnchen-Chalet

Eichhörnchen legen in den Baumkronen kürbisgroße Schlaf- und Wohnnester aus Ästen und Zweigen an – natürlich mehrere, um im Bedarfsfall rasch umziehen zu können. Vielleicht nehmen sie ja auch dieses regendichte Chalet als Sommer- oder Wintersitz an.

1 An der Vorder- und Rückwand müssen Sie zunächst die Dachschrägen absägen. Ermitteln Sie an der Oberkante der Vorderwand den Mittelpunkt (13 cm von den Seiten entfernt) und markieren diesen mit Bleistift. Dann messen Sie an beiden Seiten von unten eine Höhe von 20 cm ab und markieren auch diese. Nun verbinden Sie diese seitlichen Markierungen mittels Lineal mit dem Mittelpunkt an der Oberkante und sägen die Dachschrägen ab. Verfahren Sie genauso bei der Rückwand. Nun können Sie in die fertig formatierten Bauteile an den Verbindungsstellen die Schraubenlöcher vorbohren.

2 Mit der Stich- oder Lochsäge sägen Sie in die Vorderwand eine kreisrunde Öffnung (Durchmesser 8 cm) wie auf dem Bauplan. Auch in eine der beiden Seitenwände sowie in das Bodenbrett sägen Sie je eine 8 cm große Öffnung, denn Eichhörnchen wollen mehrere Ein- und Ausgänge. So können sie im Notfall ihren Bau rasch verlassen. Schleifen Sie nach dem Sägen die Ränder der Einfluglöcher sorgfältig mit Schleifpapier ab.

3 Schrauben Sie das Dach rechtwinklig zusammen. Da eine Dachhälfte kleiner als die andere ist, brauchen Sie die Dachbretter nicht auf Gehrung zu sägen.

Material

- Holzbrett, 22 x 22 cm (Boden)
- 2 Holzbretter, 33 x 26 cm (Vorder- und Rückwand)
- 2 Holzbretter, 20 x 22 cm (Seitenwände)
- Holzbrett, 28 x 24 cm (Dachhälfte)
- Holzbrett, 28 x 22 cm (Dachhälfte)
- 30 Schrauben
- Evtl. Dachpappe oder Blech
- Aufhängöse
- Evtl. Acrylfarbe Ihrer Wahl
- Stroh, trockene Grashalme oder Heu

◆ Eine Konstruktionsskizze sowie Angaben zum Werkzeug finden Sie auf der folgenden Seite.

Konstruktionsskizze zum Nachbauen

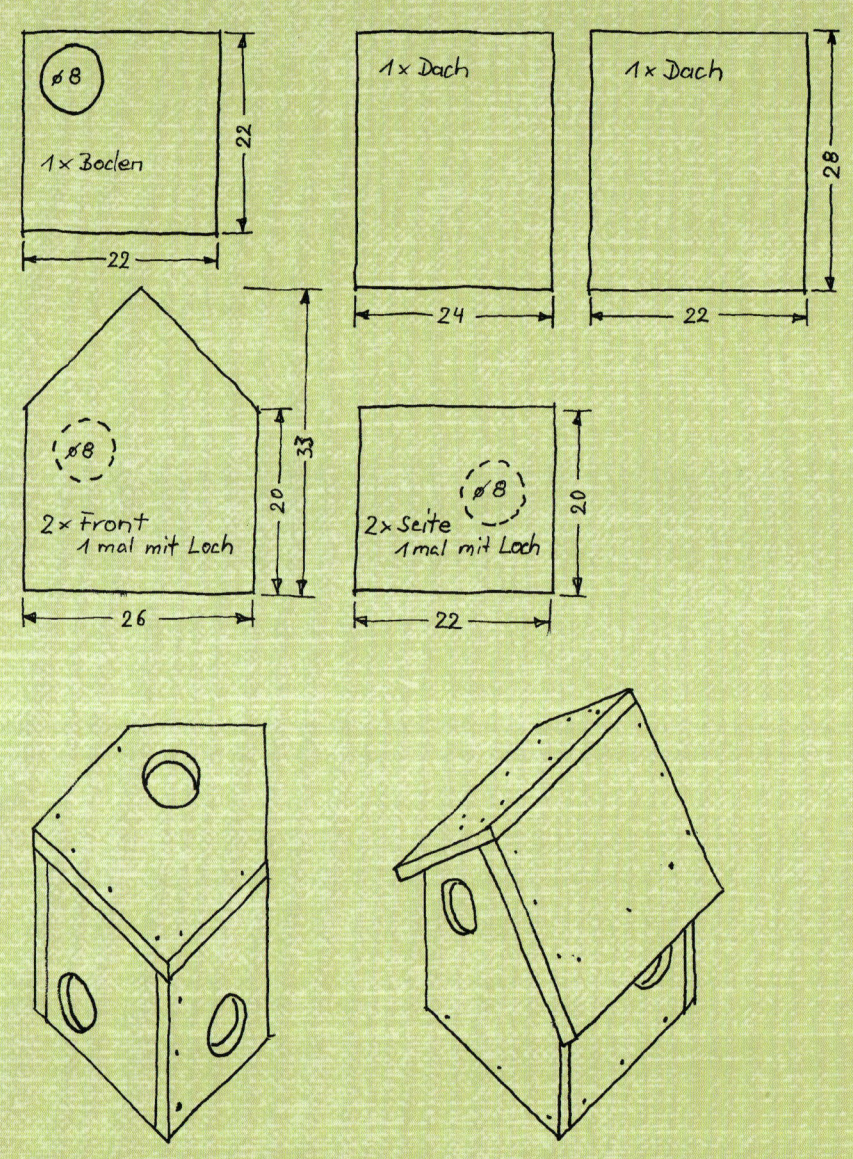

ø 8

1 x Boden

22

22

1 x Dach

24

1 x Dach

22

28

ø 8

2 x Front
1 mal mit Loch

33

20

26

ø 8

2 x Seite
1 mal mit Loch

20

22

4 Bauen Sie nun das Eichhörnchen-Chalet zusammen. Dazu schrauben Sie zuerst die Seitenwände an den Boden, danach die Vorder- und Rückwand bündig auf Seitenwände und Boden. Zuletzt schrauben Sie das vormontierte Dach auf den Korpus. Als Verwitterungsschutz können Sie Dachpappe auf das Dach tackern oder Blech darauf schrauben oder nageln.

5 Schließlich befestigen Sie an der Rückwand eine Aufhängöse, an der Sie den Kasten aufhängen können.

6 Belassen Sie das Eichhörnchen-Chalet einfach in Natur oder malen Sie es grün oder bunt an.

7 Legen Sie etwas Stroh, trockene Grashalme oder Heu in das Wohnhaus.

8 Bringen Sie das Chalet möglichst hoch an einem Baumstamm, am besten in einer kräftigen Astgabel an. Dabei sollte die Öffnung im Boden oder an der Seite möglichst nah am Stamm liegen. Günstig ist es auch, wenn die Öffnung an der Vorderwand nach Südosten gerichtet ist.

Werkzeug

- ◆ Bleistift
- ◆ Lineal
- ◆ Säge
- ◆ Evtl. Lochsäge
- ◆ Schleifpapier
- ◆ Akkuschrauber
- ◆ Evtl. Pinsel

Tipp

Bauen Sie gleich noch ein zweites Eichhörnchen-Chalet und hängen es in Sichtweite zum anderen auf.

Schläfer-Sommer- & Winterhaus

Siebenschläfer besetzen gern Vogel-Nistkästen, denn in den dunklen Höhlen bringen sie im Sommer ihre Jungen zur Welt und schlafen darin von Herbst bis Spätfrühling. Damit sie den Vögeln keinen Wohnraum »wegnehmen« müssen, hängen Sie doch einfach solch ein Schläferhaus auf. Auch Gartenschläfer und Haselmaus nehmen es gern an.

1 Sägen Sie die Seitenwände zu. Achten Sie darauf, dass die Ober- und Unterkanten 71 Grad schräg sind. Dazu stellen Sie den Anschlag der Säge entsprechend schräg. Dies ist vor allem wichtig, um später eine ebene Fläche für die Dachmontage zu erhalten. Schrägen Sie auch die seitlichen Kanten des Bodenbretts ab (71 Grad), damit die Seitenwände plan aufliegen.

2 Sägen Sie Vorder- und Rückwand spitz zulaufend zu. Sägen Sie dann mit der Stich- oder Lochsäge in die Vorderwand eine kreisrunde Öffnung (Durchmesser 4 cm) wie auf dem Bauplan. Auch in das Bodenbrett sägen Sie eine 4 cm große Öffnung, die beim Aufhängen in Stammnähe liegen muss. Siebenschläfer betreten ihr Heim gern direkt vom Stamm aus. Schleifen Sie die Ränder der Eingangslöcher sorgfältig mit Schleifpapier ab.

3 Bohren Sie vor der Montage alle Schraubenlöcher vor. Ohne Vorbohren besteht die Gefahr, dass die Schrauben die dünnen Bretter spalten und Risse entstehen.

Material

- 2 Holzbretter, 22 x 18 cm (Seitenwände)
- 2 Holzbretter, 20 x 14 cm (Rück- und Vorderwand)
- Holzbrett, 14 x 12 cm (Boden)
- Holzleiste, 19 x 5 cm (Dach)
- 20 Schrauben
- Dachpappe
- Evtl. Acrylfarbe Ihrer Wahl
- Aufhängöse

◆ Eine Konstruktionsskizze sowie Angaben zum Werkzeug finden Sie auf der folgenden Seite.

Konstruktionsskizze zum Nachbauen

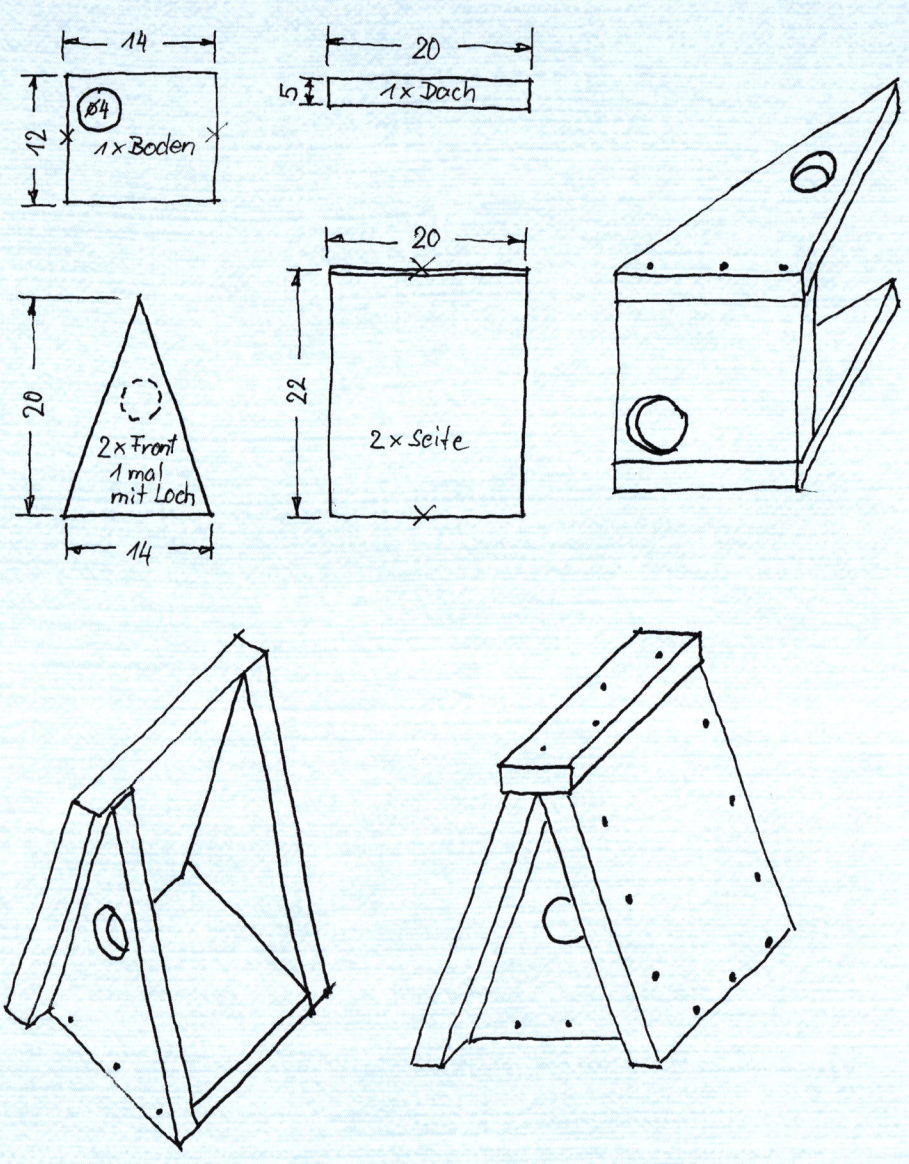

14
ø4
1 x Boden
12

20
5
1 x Dach

20
2 x Front
1 mal
mit Loch
14

22
2 x Seite

4　Bauen Sie nun das Siebenschläfer-Wohnhaus zusammen. Dazu schrauben Sie zuerst die Vorder- und Rückwand an den Boden und montieren dann die beiden Seitenwände. Als Verwitterungsschutz können Sie die Seitenwände mit Dachpappe belegen. Schrauben Sie dann die Dachleiste auf. Zuletzt befestigen Sie an der Rückwand eine Aufhängöse, an der Sie den Kasten aufhängen können.

5　Nach Lust und Laune können Sie den Kasten mit Acrylfarben bemalen – etwa die Wände in Gelb oder das Dach in Rot.

6　Befestigen Sie das Siebenschläfer-Sommer- und -Winterhaus an einem Baumstamm oder der Wand Ihres Geräteschuppens. Dabei sollte die Öffnung im Boden möglichst nah an Stamm oder Wand liegen.

Werkzeug
- Säge
- Evtl. Lochsäge
- Schleifpapier
- Akkuschrauber
- Evtl. Pinsel

Tipp
Auch die kleinere Haselmaus nimmt dieses Haus an, ihr reicht eine Eingangsöffnung mit 2,6 cm Durchmesser.

Spitzmaus-Eldorado

Spitzmäuse bekommen Sie selten zu Gesicht, denn die kleinen Insektenfresser
sind nur nachts unterwegs – und dann auch noch im Verborgenen.
Dabei kann sich jeder Gärtner über ihre Anwesenheit freuen,
denn sie vertilgen täglich fast so viele Asseln, Insekten und deren Larven,
wie sie selbst wiegen: etwa zehn Gramm.

1   Spitzmäuse kommen dort vor, wo es viele Insekten gibt – zum Beispiel auf
einem Hügelbeet. Dieses 1,5 m breite Beet richten Sie am besten in Nord-Süd-
Richtung aus. Der beste Zeitpunkt dafür ist Herbst. Heben Sie an der Stelle, an der
das Spitzmaus-Eldorado entstehen soll, den Boden 20–25 cm tief aus.

2   Füllen Sie die Mulde mit Gehölzschnitt (zerkleinerte Äste und Zweige). Geben
Sie als zweite Schicht Staudenschnitt und andere Gartenabfälle auf die Beetmitte,
Höhe etwa 15 cm. Bedecken Sie diese mit feuchtem, leicht verrottetem Laub (etwa
15 cm), dann mit einer Schicht (etwa 15 cm) halbreifem Kompost. Decken Sie das
komplette Beet mit einer Mischung aus Gartenerde (Mutterboden) und feinem
Kompost ab.

3   Umgeben Sie den Rand des Hügelbeets mit mehreren Reihen Natursteinen.
Pflanzen Sie im ersten Jahr nährstoffzehrende Pflanzen (Sonnenblumen,
Tomaten, Kohl etc.), damit der Boden abmagert. Ab dem zweiten Jahr
bepflanzen Sie das Beet mit heimischen Wildblumen und Kräutern.

Material

- Gehölzschnitt
- Gartenabfälle
- Feuchtes, leicht verrottetes Laub
- Halbreifer Kompost
- Feiner Kompost
- Gartenerde
- Natursteine

Werkzeug

- Schaufel
- Gartenschere

Tipp

Wenn Sie noch mehr für Spitzmäuse
tun wollen, mulchen Sie den Boden
und legen Sie in der Nähe
einen Reisighaufen an.

Attraktiv & nützlich für Lurche & Co.

Auch wenn sie unauffälliger als Vögel oder Insekten sind, macht das Beobachten von Eidechsen, Kröten und Co. doch viel Freude. Mit einfachen Mitteln schaffen Sie Lebensraum für sie in Ihrem Garten.

Was sich Lurche & Co. im Garten wünschen

Blindschleiche und Zauneidechse, Erdkröte, Grasfrosch, Grünfrosch und Molch kommen regelmäßig bei uns in Gärten vor – vorausgesetzt natürlich, dass sie dort einen zusagenden Lebensraum vorfinden. Der muss für Eidechsen sonnig und warm, für die anderen schattig und feucht bis nass sein.

Ein amphibien- und reptilienfreundlicher Garten ist frei von chemischen Pflanzenschutzmitteln, denn Insekten stellen die Hauptnahrung dieser Wirbeltiere dar. Zudem braucht es naturnah gestaltete Plätze trockener und feuchter Art. Ist der Garten mit den umgebenden Gärten und der Natur vernetzt, können sich auf natürliche Weise die verschiedenen Lurche und Echsen einstellen.

Zauneidechsen mögen offene Flächen, die nur spärlich bewachsen sind. Dort und auf sonnenexponierten Steinen heizt sich der Untergrund rasch auf und bringt die wechselwarmen Tiere auf die nötige Betriebstemperatur. Nun sind sie schnell genug, um Beute zu fangen. Im Eidechsenrevier gibt es zudem unzählige Verstecke in einer lückenreichen Trockenmauer, einem größeren Haufen aus locker geschichteten Steinen oder abgestorbenen, liegenden Baumstämmen. Sandige Flächen ermöglichen die Eiablage.

Wie Erdkröten und Grasfrösche ruhen auch Blindschleichen an feucht-kühlen Plätzen (siehe Seite 90), wenn die Sonne scheint. Sie gehen erst bei Dämmerung zwischen dichtem Pflanzenbewuchs auf die Suche nach Insekten, Würmern und Nacktschnecken. Morgens nehmen auch sie gern nach Echsenmanier ein kurzes Sonnenbad.

Frösche, Kröten und Molche sind auf Wasser angewiesen. Erdkröten und Grasfrösche besuchen die angestammten Wasserstellen nur, um dort ihre Eier abzulegen. Molche verbringen darin den Sommer, Grünfrösche sogar das ganze Jahr. Sie merken: Ein (möglichst naturnah angelegter) Gartenteich ist ein Muss in Ihrem Garten. Er sollte mindestens 50 Zentimeter tief sein und ein flaches Ufer mit sandig-steinigem Bereich besitzen. Verzichten Sie auf das Einsetzen von Fischen sowie auf das Halten von Enten.

Tipp

Decken Sie Kellerschächte unbedingt mit einem Gitter ab, damit keine Kröten hineinfallen können.

Eidechsen-Paradies

Eine Unterkunft der Extraklasse ist eine warme, nach Süden ausgerichtete Trockenmauer. Sie heißt so, weil die Natursteine »trocken« – also ohne Mörtel – aufgeschichtet werden. In ihrem nischenreichen Lückensystem finden viele Insekten und andere Kleintiere hervorragende Lebensbedingungen – und damit auch Eidechsen.

Material

▌ Grober Kies oder Schotter (Körnung 0-32 oder 0-45)

▌ Sand

▌ Verschieden große, quaderförmige Natursteine

Werkzeug

◆ Schaufel

◆ Maßstab

1 Suchen Sie als Standort einen kleinen Hang oder ein Hochbeet aus. Davor heben Sie eine etwa 30 cm tiefe Grube aus, deren Umfang rundum etwa 10 cm größer als die Mauer ist. Füllen Sie die Grube mit grobem Kies oder Schotter. Geben Sie eine flache Sandauflage darüber. Dieses Fundament reicht für eine bis zu 1 m hohe Trockenmauer.

2 Suchen Sie aus den Natursteinen mehrere möglichst gleich hohe Steine und setzen Sie sie für die unterste Reihe nebeneinander. Füllen Sie den Raum zwischen den Steinen und dem Erdboden mit Natursteinstücken, Kies oder Schotter; belassen Sie aber Lücken zwischen den Steinen, die sich nach hinten öffnen.

3 Platzieren Sie einen großen Stein für die Sitzfläche in die nächste Reihe, daneben kleinere, aber gleich hohe Steine. Achten Sie darauf, dass die senkrechten Fugen nicht von oben nach unten durchgehen. Eine Trockenmauer wird leicht schräg mit einem Winkel von ca. 10 Grad angelegt. Füllen Sie den Raum zwischen den Steinen und dem Erdboden des dahinter liegenden Hanges oder Hochbeets wieder mit Gesteins- und Aushubmaterial aus.

4 Auf die gleiche Weise legen Sie die dritte und vierte Steinreihe an.

Tipp

Legen Sie am warmen Fuß der Trockenmauer ein offenes Sandbeet an, zum Beispiel das von Seite 118. Dort können die Eidechsen ihre Eier ablegen und von der Sonne ausbrüten lassen.

Blindschleichen-Refugium

Anders als die nah verwandte Zauneidechse ist die Blindschleiche kein Sonnentier. Sie bevorzugt schattige, kühl-feuchte Plätze. Und weil sie auch Nacktschnecken vertilgt, bieten Sie dieser beinlosen Echse (sie ist keine Schlange!) in Ihrem Garten gerne solch einen Unterschlupf an.

Material
- Natursteine aus der Region
- Hübsche Figur aus Naturstein
- Moospolster

Werkzeug
◆ Schaufel

1 Suchen Sie die Natursteine mit Bedacht aus. Diese werden in einer großen Vielfalt an Formen, Größen, Strukturen und Farben (Letztere bedingt durch die Gesteinsarten) angeboten. Am besten wählen Sie Natursteine aus Ihrer Region, denn diese passen meist gut in Ihre Gartengestaltung. Entscheiden Sie sich für eine Gesteinsart (Granit, Basaltlava, Andesit, Sandstein etc.). Verwenden Sie nämlich verschiedene Gesteinsarten, wirkt dies unnatürlich.

2 Legen Sie an einer schattigen Stelle zwischen Gebüsch oder Stauden etwas Boden frei, denn Blindschleichen graben sich zum Überwintern auch ein.

3 Schichten Sie dort die Steine zu einem kleinen, lockeren Haufen auf. Dabei sollte die Vegetation an den Steinhaufen heranreichen, in deren Schutz Blindschleichen auf Nahrungsjagd gehen.

4 Platzieren Sie die Figur auf dem Steinhaufen; sie darf nicht umfallen.

5 Legen Sie die Moospolster auf die Steine.

Lurchis Tagesversteck

Tagsüber brauchen Erdkröte, Grasfrosch und andere landlebende Amphibien (Lurche) ein ungestörtes Versteck, an dem sie vor Sonne und Fressfeinden geschützt sind. Mit Dachziegeln können Sie diesen Tieren einen guten Unterschlupf anbieten, denn darunter hält sich die Feuchtigkeit lange.

1 Suchen Sie einen geschützten, beschatteten und ungestörten Platz unter Sträuchern, gern auch in der Nähe eines Gartenteichs.

2 Schichten Sie die Dachziegel locker neben- und übereinander auf. Achten Sie darauf, dass sie dicht über dem Boden liegen, denn so kann sich darunter tagsüber lange eine hohe Luftfeuchtigkeit halten.

3 Geben Sie auf die nach oben gewölbten Dachziegel je eine Handvoll feinen Kies und Erde. Setzen Sie kleine Hauswurzpflanzen hinein, die sie ab und zu gießen. Hauswurz sind robuste, immergrüne Pflanzen, die hübsche Polster bilden und im Sommer attraktiv blühen. Auch Moose eignen sich. Die Pflanzen erhöhen die Feuchtigkeit der Dachziegel. Dies sind günstige Bedingungen für Lurche, die sich von solch einem Tagesversteck magisch angezogen fühlen.

4 Auch eine flache Steinplatte, die Sie auf 5–8 cm hohen Steinen platzieren und mit Efeu oder anderen Pflanzen überwachsen lassen, locker geschichtete Zweige mit viel altem Laub oder ein Komposthaufen sind ausreichend feuchte Verstecke für Amphibien.

Material

■ 5 Dachziegel
■ 2 Handvoll feiner Kies
■ 2 Handvoll Erde
■ Hauswurz

Werkzeug

◆ Schaufel
◆ Gartenhandschuhe
◆ Gießkanne

Tipp

Bei der Wulsttechnik legen Sie
fingerdicke Tonwülste kreisförmig
übereinander und verbinden sie
schichtweise sorgfältig zu
einer Wand.

Krötenstiege

Immer wieder passiert es, dass Kröten – manchmal auch Igel – die Kellertreppe hinunterfallen und dort gefangen sind. Über diese Krötenstiege, die die Stufenhöhe verringert, können sich die Tiere selbst aus der Falle befreien. Da Kröten und Igel im Winter nicht aktiv sind, lagern Sie die Tontöpfe in der kalten Jahreszeit an einem frostfreien Ort.

1 Kneten Sie zunächst den Ton und schlagen Sie ihn immer wieder auf die Arbeitsunterlage. Dadurch wird er geschmeidig und Luftblasen werden entfernt, die das Tongefäß zum Platzen bringen können. Schlagen Sie den Ton dann mit den Händen oder einem Nudelholz zu einem flachen Klumpen. Den flachen Tonklumpen legen Sie auf die Folie zwischen die Holzleisten und rollen mit dem Nudelholz darüber. So erhalten Sie eine 0,5 cm dicke Tonplatte für einen Tontopf.

2 Umhüllen Sie den Blumentopf, der die richtige Höhe für Ihre Treppe hat, mit dem Zeitungspapier. Stellen Sie den Blumentopf auf den Kopf und formen Sie die Tonplatte (ohne Folie) drumherum. Den überstehenden Tonrand schneiden Sie mit einem Messer ab. Drehen Sie den Tontopf um und entfernen Sie Blumentopf sowie Zeitungspapier. Bei einem runden Blumentopf als Grundform pressen Sie nun die runde Wand des Topfes so ein, dass eine flache Seite entsteht. Auf diese Weise erhalten Sie einen halbrunden Tontopf, der eine Stufe der Krötenstiege wird.

3 Fertigen Sie so viele Töpfe an, wie Sie für Ihre Krötenstiege benötigen. Lassen Sie die Tontöpfe trocknen.

4 Glasieren Sie die Töpfe mit bunten Glasuren und Mustern nach Ihrer Fantasie.

5 Zuletzt müssen die Töpfe je nach Tonart bei Temperaturen zwischen 650 und 1400 Grad gebrannt werden. Abkühlen lassen – fertig!

Material

- Weißer oder brauner Töpferton
- Frischhaltefolie
- 2 Holzleisten, 0,5 cm dick, etwa 20 cm lang
- Runder oder viereckiger Blumentopf als Grundform
- Zeitungspapier
- Bunte Tonglasuren

Werkzeug

- Nudelholz
- Messer
- Pinsel

Hübsch & nützlich für Insekten & Co.

Neun von zehn Gartentieren, die Sie beobachten, sind Insekten. Weil der Garten ohne sie leblos wäre, bedanken Sie sich bei den nützlichen Sechsbeinern mit selbst gebauten Hotels, Villen und Bungalows.

Was sich Insekten & Co. im Garten wünschen

Wenn Sie einen rundum gesunden Garten wünschen, sollten Sie ein Insektenparadies anlegen. So laden Sie Heerscharen von verschiedenen Insekten – Schmetterlinge, Wildbienen, Laufkäfer, Schwebfliegen und viele andere – ein, die Ihnen auf vielerlei Weise nützlich sind. Das geht ganz einfach.

Insekten sind nicht nur herrlich zu beobachten, sie bestäuben auch Blüten, verbreiten Samen, dienen Vögeln und vielen anderen Tieren als Nahrung und halten sich gegenseitig in Schach. Diesen sechsbeinigen Freunden verdanken wir es, dass Äpfel, Birnen, Him- und Brombeeren überhaupt heranreifen und wir so viel Freude an den Vögeln haben. Nur wegen der Unmengen an Insekten, die es in unseren Sommern gibt, fliegen Rotschwanz, Schnäpper, Grasmücke und viele andere Zugvögel zu uns und brüten hier (und nicht in ihrer mediterranen oder afrikanischen Heimat). Damit Ihr Garten im Gleichgewicht ist, schaffen Sie einen attraktiven Lebensraum für Insekten. Denn wo sich diese wohlfühlen, folgen Vögel, Igel, Fledermäuse, Eidechsen und andere Tiere.

Mit den richtigen Strukturen und Pflanzen machen Sie aus Ihrem Garten eine Oase für Insekten und andere Krabbeltiere. Pflanzen Sie heimische Bäume und Sträucher und verzichten Sie auf gezüchtete Sorten, die oft weder Nektar und Pollen noch Früchte und Samen bilden, sowie auf »exotische« Arten. Begrünen Sie intakte Hauswände, Fassaden und Mauern mit Kletterpflanzen wie Efeu, Waldrebe, Wilder Wein oder Wald-Geißblatt. Efeu ist besonders wertvoll, denn er blüht und fruchtet, wenn andere Pflanzenkost rar ist. Legen Sie eine Wiese oder Rabatte mit heimischen Wildblumen an. Auf Glockenblumen, Kugeldistel, Lavendel, Natternkopf, Tauben-Skabiose, Wiesen-Flockenblume, Wiesen-Witwenblume und Wilde Karde stehen Insekten besonders. Pflanzen Sie außerdem viele Kräuter wie Borretsch, Minze, Oregano, Salbei, Thymian und andere. Belassen Sie eine Gartenecke als »wilde Ecke« mit Brennnesseln, Disteln und anderen Wildkräutern. Lassen Sie Abgeblühtes und abgestorbene Stauden über den Winter stehen, denn sie bieten den Kleintieren Schutz und ein Versteck in dieser unwirtlichen Zeit. Legen Sie einen Haufen mit Totholz und Reisig, einen anderen mit Steinen an. Auch über eine Trockenmauer, deren Fugen nicht mit Beton verputzt sind, freuen sich die Insekten.

Spinnennetz-Galerie

Zugegeben, die meisten Menschen mögen keine Spinnen. Damit tun wir diesen nützlichen Tieren völlig Unrecht, denn sie halten die Heerscharen von Insekten in Schach. Zudem gehört die Spinnenseide zu den faszinierendsten natürlichen Baumaterialien – und wie schön sind erst die filigranen Netze, die Spinnen in diesem hübschen Rahmen bauen!

1 Bemalen Sie den Bilderrahmen nach Belieben und lassen Sie ihn ausreichend trocknen.

2 Bohren Sie ein Loch, das der Dicke der Stricknadel entspricht, in den Bilderrahmen. Schieben Sie die Stricknadel in das Loch.

3 Stecken Sie die Stricknadel mit dem Rahmen am Rand eines Staudenbeets, im Gebüsch, rund um die Terrasse oder in Hausnähe in den Boden, sodass sich die Spinnennetz-Galerie etwa 20 cm über dem Boden befindet. Sie können sie auch in eine begrünte Fassade hängen.

4 Nun können Sie jeden Tag nachschauen, ob eine Kreuzspinne oder eine andere Radnetzspinne ihr Netz in den Rahmen gebaut hat. Kreuzspinnen bauen jeden Tag ein neues Netz. Dazu brauchen sie etwa 45 Minuten. Zuvor fressen sie das alte Netz auf. Kreuzspinnen sitzen erst ab Dämmerung in der Netzmitte, mit dem Kopf nach unten. Tagsüber verstecken sie sich in der Nähe ihres Netzes, mit dem sie stets über einen Signalfaden verbunden sind. Das können Sie testen: Wenn Sie sachte an einem Faden zupfen und das Netz vorsichtig zum Schwingen bringen (freilich ohne es zu zerstören), eilt sofort die Spinne herbei.

Material

▌ Holzbilderrahmen, 20 x 30 cm
▌ Farbe Ihrer Wahl
▌ Lange Stricknadel

Werkzeug

◆ Universalpinsel
◆ Holzbohrer

Tipp

Wenn Sie mehrere solcher Bilderrahmen in Ihrem Garten verteilen, erschaffen Sie eine richtige Spinnennetz-Galerie.

Florfliegen-Bungalow

Mit einem ausgedienten Brillenetui können Sie Florfliegen glücklich machen, denn diese hübschen grünen Insekten mit den filigranen Flügeln brauchen über den Winter ein schützendes Quartier. Ihre Larven vertilgen in ihrer zweiwöchigen Entwicklung bis zu 500 Blattläuse und Milben.

Material

- Brillenetui
- Lange Kordel, Schnur oder Band zum Befestigen
- Strohhäcksel, Holzwolle oder Naturbast
- 2 fingerdicke Stöckchen

Werkzeug

- Schere
- Löffel

1 Legen Sie die Kordel, Schnur oder das Band über das Gelenk des Brillenetuis, sodass die Enden an beiden Seiten herausschauen.

2 Füllen Sie das Brillenetui locker mit dem wärmenden Pflanzenmaterial.

3 Klemmen Sie an jeder der beiden vorderen Ecken ein Stöckchen zwischen oberen und unteren Deckel, damit das Etui stets ein wenig offen steht. Manche Brillenetuis bleiben auch ohne solche Hilfe leicht geöffnet.

4 Befestigen Sie den Florfliegen-Bungalow in 1,5–2 m Höhe im stammnahen Geäst eines Baumes und binden Sie ihn mit der Schnur fest.

5 Wenn Sie kein ausgedientes Brillenetui haben, können Sie auch aus einer hölzernen Aufbewahrungsbox mit Holzschublade einen Florfliegen-Bungalow bauen. Sägen Sie dazu in die Schubladenfront drei Längsschlitze. Wenn die Schublade locker mit dem Pflanzenmaterial gefüllt ist, schieben Sie sie einfach in die Box. Diese hängen Sie an einen Baumstamm oder zwischen Pflanzen an die Hauswand.

Tipp

Da Florfliegen Rottöne besonders gut sehen können, wählen Sie am besten ein rotes bis rostrotes Brillenetui.

Tipp

Am besten bauen Sie mehrere Holz-
nester und bohren in jedes Holznest
Löcher mit nur zwei verschiedenen
Lochdurchmessern!

Wildbienen-Holznest

Mauer-, Löcher- und viele andere Wildbienen legen ihre Eier in Löcher im Holz, die natürlicherweise von verschiedenen Käferarten gebohrt werden. Auch Grab-, Mörtel- und Lehmwespen nutzen diese verlassenen Wohngänge für ihre Brut. Diesen Hautflüglern können Sie auf ganz einfache Weise Nistplätze bieten.

1 Besorgen Sie beim Treppenbauer in Ihrer Nähe das Hartholz, zum Beispiel Buche oder Holz eines anderen Laubbaums. Auch eine Baumscheibe eignet sich. Verwenden Sie kein Nadelholz (Kiefer, Fichte, Lärche), denn das Harz verklebt die Bohrlöcher.

2 Zeichnen Sie eine Bienen- oder Schmetterlingsform auf das Holzstück und sägen Sie sie mit der Stichsäge aus.

3 Bohren Sie nun mit verschiedenen Holzbohrern Sacklöcher mit Durchmessern von 2–8 mm in das Holz. Wichtig: Achten Sie darauf, dass die Löcher blind enden und nicht das Holzstück durchbohren! Mit einem Kreppbandstreifen können Sie ganz einfach die richtige Länge des Holzbohrers festlegen. Lassen Sie etwa 1 cm Platz zwischen den einzelnen Löchern. Das Holz darf an den Löchern nicht reißen.

4 Schrauben Sie nun die beiden Ösenschrauben in das Holz. Befestigen Sie an den Ösenschrauben die Kordel, an der Sie das Holznest aufhängen, in der gewünschten Länge.

5 Stecken Sie den Stab an einer sonnigen, regen- und windgeschützten Stelle unter einem Dachvorsprung oder Baum, vor einer Mauer oder Wand in den Boden. Hängen Sie das Holznest im zeitigen Frühjahr an den Stab. Zugedeckelte Löcher zeigen Ihnen, dass sich darin Wildbienenlarven entwickeln, die im kommenden Frühjahr schlüpfen.

Material

- 1 Hartholz, 8 cm stark, 15 x 15 cm
- Wasserfester Holzleim
- Kreppband
- 2 Ösenschrauben
- Kordel
- Stab

Werkzeug

- Bleistift
- Stichsäge
- Holzbohrer
- Maßband

Wildbienenpension »Zum gelben Halm«

Hohle Pflanzenstängel sind für manche Wildbienen die perfekten Höhlen, in denen ihre Larven heranwachsen können. Die Tiere tragen Nahrung in die hohlen Stängel und legen ein Ei dazu. Im kommenden Jahr schlüpft der Nachwuchs. In diese Pension können Sie jedes Jahr neue Halme einfüllen.

Material

- Holzbrett, 20 x 20 cm (Boden 1)
- Holzbrett, 22 x 20 cm (Boden 2)
- Holzbrett, 22 x 22 cm (Dach 1)
- Holzbrett, 24 x 22 cm (Dach 2)
- 12 Holzschrauben
- Umweltfreundliche Holzlasur
- 20 cm lange Bambusröhrchen, Schilfstängel, Gras- und Strohhalme, auch dickere, hohle und trockene Stängel von Forsythie oder Pfeifenstrauch

Werkzeug

- Universalpinsel
- Schraubenzieher
- Draht oder Stricknadel
- Schleifpapier

1 Lasieren Sie das Dach in der gewünschten Farbe. Schrauben Sie zuerst die beiden lasierten Dachteile aneinander. Am besten bohren Sie die Löcher vor. Danach schrauben Sie das kürzere Bodenbrett so an das Dach, dass das Dach sowohl vorn als auch an den beiden Seiten jeweils 2 cm übersteht. Zuletzt schrauben Sie das längere Bodenbrett an das Dach und an das zweite Bodenbrett.

2 Bereiten Sie nun die hohlen Pflanzenstängel vor: Mögliche Trennwände im Stängel müssen Sie mit einem geraden Draht oder einer Stricknadel beseitigen, ohne die Außenwand zu beschädigen. Achten Sie darauf, dass die vorderen Enden ganz glatt sind. Stängel, die eingerissen sind, sortieren Sie aus. Glätten Sie die Zweigenden von Forsythie und Pfeifenstrauch mit Schleifpapier. Auch die markhaltigen Stängel von Holunder, Brombeere, Himbeere, Heckenrose und Sommerflieder eignen sich. Entfernen Sie dazu das weiche Mark und glätten Sie das vordere Ende mit Schmirgelpapier.

3 Schichten Sie die Pflanzenstängel in den Holzmantel. Stellen oder hängen Sie die Wildbienenpension an einer sonnigen, warmen, regen- und windgeschützten Stelle auf. Alternativ kann auch eine leere Konservendose, bei der Sie auf beiden Seiten den Deckel entfernt haben, als Nisthalmhalter dienen: Stecken Sie einfach die Halme hinein. Sie können sie weit herausragen lassen oder aber so kurz schneiden, wie die Dose tief ist.

Wohnen im Lehmbau

Seiden-, Masken- und einige andere Wildbienenarten suchen im Frühjahr steile Löss-, Lehm- oder Sandwände auf, um in kleinen Hohlräumen ihre Eier abzulegen. Gern nehmen sie auch diese Nisthilfe aus Ton an. Und beim Kneten des Tons trainieren Sie gleich noch Ihre Hände mit!

Material

- 1 Handvoll Strohhäcksel oder Holzwolle
- Holzkiste, 20 x 30 cm, 10 cm tief
- 2 stabile Bilderrahmenaufhänger mit Schrauben
- 5–6 kg feuchter Ton
- 2 Nägel

Werkzeug

- Schere
- Plastiktüte
- Unterschiedlich dicke Nägel
- Evtl. Akkuschrauber

1 Schneiden Sie Strohhäcksel oder Holzwolle mit der Schere in ca. 2 cm lange Stücke.

2 Befestigen Sie die Aufhänger an der Holzkiste.

3 Mischen Sie das zerkleinerte Pflanzenmaterial unter den feuchten Ton. Dazu kneten Sie am besten zunächst den Ton, bis er geschmeidig ist. Geben Sie portionsweise das Pflanzenmaterial hinzu. Strohhäcksel oder Holzwolle verhindern, dass die Tonmasse beim Trocknen reißt. Kneten Sie die Tonmasse gut durch, bis sie homogen ist.

4 Geben Sie die Tonmasse in die Holzkiste, sodass sie am Rand gut schließt. Stecken Sie die Holzkiste in eine Plastiktüte, damit der Ton langsam trocknet.

5 Machen Sie in den halbtrockenen oder trockenen Ton Löcher mit einem Durchmesser von 3–10 mm. Das geht im halbtrockenen Ton am einfachsten, wenn Sie unterschiedlich dicke Nägel in den Ton drücken. Ist der Ton schon trocken, bohren Sie die Löcher hinein.

6 Hängen Sie die Lehmbau-Wohnung an einen sonnigen, regensicheren Platz an Hauswand, Balkongeländer oder Ähnliches.

Tipp

Hinsichtlich Konkurrenz und Parasitenbefall ist es besser, wenn Sie viele kleine und unterschiedliche Insektenhotels aufstellen als eine Großanlage.

Hotel
»Zur Hummel«

Hummeln sind die bekanntesten Wildbienen. Die überwinternden Königinnen gründen jedes Jahr einen neuen Hummelstaat. An den ersten warmen Frühlingstagen verlassen sie ihr frostfreies Winterversteck, um Nahrung und einen Nistplatz für den neuen Staat zu finden. Darum sollte das Hotel »Zur Hummel« spätestens Ende März bezugsfertig sein. Kreist dann eine Hummelkönigin um den Nistkasten, so sagt ihr das Hotel zu.

1 Geben Sie eine Handvoll Holzwolle in den Tontopf. Graben Sie an einer geschützten Stelle unter Sträuchern oder Bäumen ein Loch, das so groß wie der umgekehrte Tontopf ist. Polstern Sie den Boden des Loches mit weichem Moos aus.

2 Stellen Sie den umgekehrten Tontopf in das Loch, sodass der Hummel-Nistkasten etwa 1–2 cm aus dem Boden herausragt. Mögliche Zwischenräume zwischen Tontopf und Erdboden füllen Sie mit Erde oder Laub.

3 Legen Sie einen gewölbten Dachziegel so auf den Topf, dass kein Regen durch das Bodenloch in den Kasten fallen kann. Das Loch ist der Eingang zum Hotel »Zur Hummel«.

Material

▌ Tontopf mit Bodenloch, mindestens 20 cm Durchmesser, mindestens 17 cm hoch
▌ Holzwolle
▌ Moos
▌ 1 gewölbter Dachziegel

Werkzeug

◆ Schaufel

Hummel-Snack

Kälteeinbrüche sind typisch für den Frühling bei uns. Manchmal überrascht die Kälte auch die Hummelköniginnen auf ihren Erkundungsflügen. Damit sie diese Wetterkapriolen überleben, können Sie den entkräfteten Insekten Süßes in flüssiger und fester Form anbieten. Das geht so:

Material

Für die Hummel-Limo

- 4 EL Fruchtzucker (kein Gelierzucker!)
- 2 EL Zucker
- 3 EL kaltes Wasser

Für die Honighappen

- 2 gehäufte EL Puderzucker
- 1 TL halbfester Honig

Hummel-Limo

1 Mischen Sie den Fruchtzucker mit dem Zucker und lösen Sie die Zuckermischung in dem Wasser auf. Lassen Sie das Ganze eine Stunde stehen. Rühren Sie danach nochmals um. Die Zuckerlösung muss klar und durchsichtig sein, sie darf keine Zuckerkristalle mehr enthalten. Füllen Sie die Zuckerlösung in eine flache Schale. Gut bewährt haben sich Plastikbausteine aus der Spielzeugkiste.

2 Bieten Sie die süße Zuckerlimo geschwächten Hummeln an oder stellen Sie sie von Frühjahr bis zum Spätsommer zum Naschen neben den Hummel-Nistkasten, am besten regengeschützt unter den Dachziegel.

Honighappen

1 Geben Sie Puderzucker und Honig auf eine glatte Arbeitsfläche oder einen großen Teller. Kneten Sie die Zutaten so lange, bis sie sich zu einem Teig verbinden – das kann mehr als 20 Minuten dauern. Lassen Sie den Teig 20 Minuten lang ruhen.

2 Kneten Sie den Teig nochmals gut durch und formen daraus eine Kugel. Der Honighappen darf nicht klebrig sein, geben Sie ggf. ein wenig Puderzucker hinzu. Packen Sie den Teig luftdicht in Frischhaltefolie ein und lassen Sie ihn über Nacht ruhen.

3 Bieten Sie den Honighappen den Hummeln an, vor allem bei schlechtem Wetter – denn Hummeln legen keine Vorräte an.

Tipp

Imker reichen diesen Futterteig ihren Bienen. Er ist nicht nur für Hummeln und Honigbienen geeignet, sondern auch für Wespen, Hornissen und Wildbienen!

Schmetterlings-Palais

Wenn bunte Schmetterlinge anmutig von Blüte zu Blüte flattern, freuen sich Herz und Seele. Die hübschen Falter bestäuben beim Nektarsaugen die Blumen. Nachts, manche auch über den Winter, suchen die Tagfalter Unterschlupf an einer geschützten Stelle – etwa in diesem Schmetterlings-Palais.

1 Sägen Sie die einzelnen Holzteile zurecht. Achten Sie dabei darauf, dass die seitlichen Kanten der Rück- und Seitenwände 60 Grad schräg gesägt sind (Anschlag der Säge auf 60 Grad stellen). Die Oberkanten von Dach und Rückwand müssen 17 Grad schräg gesägt werden (Anschlag der Säge auf 17 Grad stellen). Sägen Sie die Seitenteile so ab, dass sie hinten 25 cm und vorn nur 20 cm hoch sind.

2 Bohren Sie in die Seitenwände ein Loch mit einem Durchmesser von 50 mm. Sägen Sie ober- und unterhalb dieses Lochs je zwei 4 cm lange und 1 cm breite Schlitze. Schleifen Sie die Kanten der Löcher und Schlitze mit Schleifpapier glatt. Runden Sie die Vorderkanten des Dachs ab und schleifen Sie sie ebenfalls glatt.

3 Montieren Sie den Kasten, indem Sie die Rück- und Seitenwände zusammenschrauben. Schrauben Sie dann den Boden und das Dach auf die Wände.

4 Stecken Sie in jeden Schlitz einen Holzdübel und füllen Sie durch die Löcher das Innere locker mit Holzwolle. Befestigen Sie eine Aufhängöse an der Rückwand und hängen Sie das Schmetterlings-Palais an einem geschützten Platz auf.

Material

- Holzbrett, 25 x 15 cm (Rückwand)
- 2 Holzbretter, 25 x 15 cm (Seitenwände)
- Holzbrett, 16,5 x 25 cm (Dach)
- Dreieckiges Holzbrett mit 16,2 cm langen Kanten (Boden)
- 22 Schrauben
- 8 Holzdübel
- Holzwolle
- Aufhängöse

Werkzeug

- Säge
- Schleifpapier
- Akkuschrauber

- Eine Konstruktionsskizze finden Sie auf der folgenden Seite.

Konstruktionsskizze zum Nachbauen

(Schmetterlings-Palais)

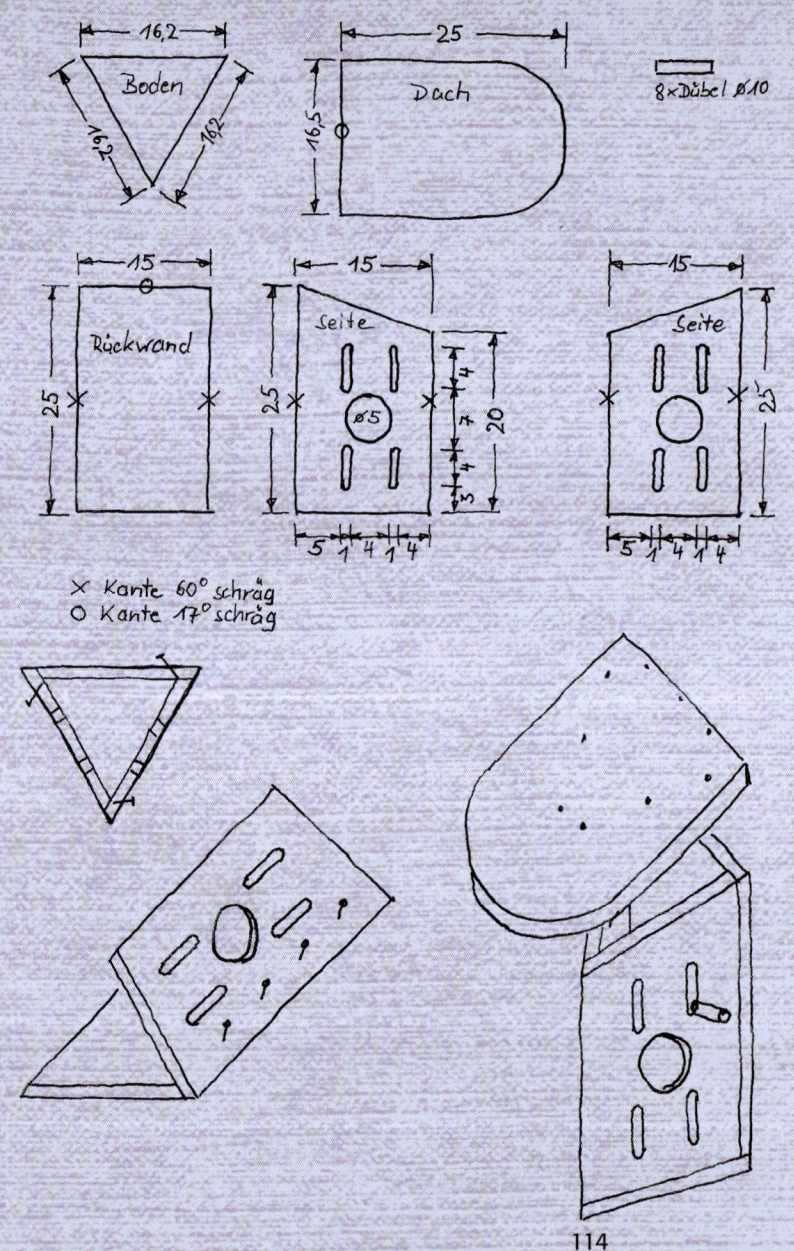

16,2

Boden

16,2   16,2

25

Dach

16,5

8 × Dübel ⌀10

15

Rückwand

25

15

Seite

25   ⌀5   20   4   4   3

5 1 4 1 4

15

Seite

25

5 1 4 1 4

✕ Kante 60° schräg
○ Kante 17° schräg

Gaststätte »Zum Schmetterling«

Viele Schmetterlinge lieben vergorenes Obst. Lassen Sie daher überreife Früchte in den Bäumen hängen, auch wenn diese Wespen anlocken. Da Nektar keine Salze enthält, fliegen Schmetterlinge gern offene, feuchte Erdstellen an. Dort tanken sie die benötigten Nährsalze. Machen Sie Ihren Garten zu einem kulinarischen Erlebnis für Schmetterlinge und setzen Sie passende Gerichte auf die »Speisekarte«.

Schmetterlingswein

1 Mischen Sie den Rotwein mit dem Zucker.

2 Streichen Sie diese Mischung direkt auf einen Baumstamm oder tauchen Sie dickere Baumwollschnüre in die Mischung und hängen Sie die Schnüre ins Geäst von Bäumen und Sträuchern.

Salzvariationen

1 Legen Sie einen Kochsalzstein oder grob gekörntes Speisesalz auf eine flache Schale, die Sie in den Garten stellen. Das Salz darf ruhig nass werden.

2 Lösen Sie Speisesalz in Wasser auf und bieten Sie es den Schmetterlingen in einer flachen Schale an.

3 Mischen Sie Erde mit Wasser. Achten Sie dabei darauf, dass die Erde stets feucht bleibt – Schmetterlinge holen sich gern die Mineralien aus dem Erdboden.

Material

Für den Schmetterlingswein

- 100 ml Rotwein
- 100 g Zucker
- Baumwollschnüre

Für die Salzvariationen

- Kochsalzstein oder grob gekörntes Speisesalz
- Flache Schale
- Wasser

Werkzeug

- Schüssel
- Löffel
- Flache Schale

Marienkäfer-Schlossturm

Während der kalten Winterzeit verstecken sich Marienkäfer an frostfreien Plätzen. Dort ruhen sie oft in großen Gruppen und warten auf die ersten warmen Frühlingstage, an denen sie wieder aktiv werden. Mit diesen hübschen Türmen bieten Sie den beliebten Käfern ein vor Kälte und Feinden geschütztes Versteck.

1   Entfernen Sie bei den großen Anzuchttöpfen sowie bei einem der kleinen den Boden mit einem scharfen Messer.

2   Türmen Sie nun zunächst die vier großen, dann die zwei kleinen Töpfe aufeinander und probieren Sie aus, wie Ihnen die Anordnung am besten gefällt. Achten Sie darauf: Der kleine Topf mit dem Boden bildet die Spitze des Turms.

3   Erhitzen Sie die Heißklebepistole und kleben Sie die Töpfe von unten beginnend in der gewählten Reihenfolge aufeinander fest. Der kleine Topf mit Boden schließt den Turm oben ab.

4   Binden Sie ein hübsches Band um den Turm. Füllen Sie den Turm innen locker mit Holzwolle, Weizenstroh oder Naturbast.

5   Stecken Sie den Turm auf den Bambusstab und platzieren Sie ihn an einem regengeschützten Platz in Hausnähe oder zwischen Sträuchern und Pflanzen.

Material

▎ 4 Anzuchttöpfe aus Torf oder Kokosfasern, 10 cm
▎ 2 Anzuchttöpfe aus Torf oder Kokosfasern, 8 cm
▎ Geschenkband
▎ Holzwolle, Weizenstroh oder Naturbast
▎ Bambusstab oder Ast als Stiel

Werkzeug

◆ Messer
◆ Heißklebepistole

Sandbeet für Löwen

Die Kinder der libellenähnlichen, etwa dreieinhalb Zentimeter langen Amei-senjungfern sind Löwen, genauer gesagt Ameisenlöwen. Sie lauern am Boden von selbst angelegten, etwa fünf Zentimeter großen trichterförmigen Sandlö-chern auf Beute – vielleicht auch in diesem einfach anzulegenden Sandbeet unter Ihrem Dach. Und wenn partout keine Ameisenlöwen in das Sandbeet einziehen wollen, freuen sich die Spatzen über ein reinigendes Sandbad.

1   Heben Sie unter einem regenschützenden Dachtrauf ein 30 x 30 cm großes und 15 cm tiefes Loch aus.

2   Stellen Sie die Holzkiste in das Loch. Füllen Sie sie randvoll mit Sand. An Orten, die auch bei starkem Regen trocken bleiben, können Sie auf die Holzkiste verzichten und das gegrabene Loch direkt mit Sand füllen.

3   Verzieren Sie die Sandfläche mit einem hübschen Muster aus Steinen. Achten Sie jedoch darauf, dass genügend freie Sandflächen für die kleinen Löwen (Foto unten links) bleiben.

Material

▌ Holzkasten, 30 x 30 x 15 cm
▌ Feiner Sand
▌ Bunt bemalte Kieselsteine

Werkzeug

◆ Schaufel

Ohrwurm-Schlafhäuschen

Richtig eingesetzt sind Ohrwürmer, manchmal auch Ohrenkneifer genannt, nützliche Helfer, um Blattläuse, Mehltaupilze und Obstbaumgespinstmotten in Schach zu halten. Da diese bis zu eineinhalb Zentimeter langen Insekten nachts auf Nahrungssuche umherstreifen, brauchen sie tagsüber ein dunkles Versteck – wie etwa dieses hübsche Schlafhäuschen.

Material

- Kleine, hohle Keramikfigur, Tontopf, halbe Kokosnussschale oder Ähnliches
- Holzwolle, Weizenstroh oder Naturbast
- Bambusstab oder Ast als Stiel
- Evtl. dicke Kordel und Zweigstücke

1 Stopfen Sie die Holzwolle in die hohle Keramikfigur, sodass sich Ohrwürmer in den Hohlräumen verkriechen können. Stecken Sie von unten einen passenden Ast oder Stiel in das Loch. Platzieren Sie die Figur so im Boden zwischen Sträuchern oder im Geäst der Gehölze, dass sie Kontakt zu einem Stamm oder Ästen hat.

2 Falls Sie einen Tontopf verwenden, ziehen Sie vor dem Befüllen mit Holzwolle eine dicke Kordel durch das Bodenloch. Machen Sie im Tontopf einen dicken Knoten in die Kordel, an der Sie das Schlafhäuschen an Stamm oder Ästen befestigen können. Drücken Sie zuletzt ein Kreuz aus passenden Zweigen in die Topföffnung. Dadurch kann die Holzwolle nicht herausfallen, wenn Sie sie umgedreht aufhängen.

Tipp

Ohrwürmer sind Allesfresser. Damit sie sich nicht am Obst vergreifen, entfernen Sie die Schlafplätze in den Obstbäumen vor dem Reifwerden der Früchte.

saat
bälle

Insekten-Saatbälle

»Werfen – wässern – wächst«: Diese drei W stehen für die richtig gute Idee, mehr Wildblumen für Wildbienen, Schmetterlinge und Co. in den Garten zu bringen. Drehen Sie aus feuchter Erde und Samen kleine Kugeln, die Sie dann mit einem gezielten Wurf auf blumenarmen Plätzen ausbringen.

1 Für Hummeln sowie Honig- und Wildbienen eignen sich Mischungen aus Borretsch, Dost, Flockenblume, Futter-Esparsette, Glockenblumen, Hufeisenklee, Majoran, Moschusmalve, Natternkopf, Reseden, Salbei, Schwarznessel, Thymian und Wegwarte. Schmetterlinge mögen Baldrian, Fenchel, Johanniskraut, Karthäusernelke, Lavendel, Minze, Nachtkerze, Majoran, Rote Lichtnelke, Salbei, Taubenskabiose und Zitronenmelisse. Und Vögel stehen auf Herbst-Löwenzahn, Skabiosen-Flockenblume, Wiesen-Sauerampfer, Wiesen-Witwenblume und Wilde Karde.

2 Vermischen Sie in einer Schüssel Erde, Tonpulver und Samen. Das angegebene Verhältnis ist für Saatbälle aller Größen günstig. Geben Sie noch ein wenig alte Teeblätter oder Kaffeesatz sowie Chilipulver oder Cayennepfeffer, die Ameisen und Co. von den Samen fernhalten, hinzu.

3 Fügen Sie nach und nach stets wenig Wasser hinzu. Machen Sie aus der Mischung einen glatten Teig, der nicht zu klebrig, aber auch nicht zu trocken ist. Die Samenbomben sollten so fest sein, dass sie beim Auftreffen auf den Boden nicht auseinanderbrechen.

4 Teilen Sie die Erde-Ton-Samenmischung in gleichgroße Teile und rollen Sie jeden Teil zu einer glatten, kompakten Kugel. Legen Sie die fertigen Kugeln auf Küchenpapier oder in einen Eierkarton.

5 Von Frühjahr bis Herbst können Sie die Saatbälle – nachdem Sie sie ein paar Stunden an einem warmen Platz getrocknet haben – sofort draußen auswerfen. In der kühlen Jahreszeit lassen Sie die Saatbälle bis zu 48 Stunden an warmer Stelle trocknen. An einem trockenen Ort halten die Saatbälle bis zu zwei Jahre lang.

Material

für 12 Saatbälle

- 2 TL Samen
- 10 EL Erde
- 8 EL Tonpulver
- Etwas Kaffeesatz oder Teeblätter
- 2 TL Chilipulver oder Cayennepfeffer

Werkzeug

- Schüssel
- Löffel
- Küchenpapier oder Eierkarton

Alle Ideen auf einen Blick

Hier bekommen Sie die nötigen Bau-Materialien:

Gartencenter
Anzuchttöpfe
Samen
Pflanzen
Vogelfutter
Eichhörnchenfutter
Igelfutter

Creativmarkt, Hobbymarkt, Bastelgeschäft, Künstlerbedarf
Acrylfarben
Schilfhalme
Ton

Baumarkt
Holzplatten, Holzbretter, Holzleisten
Zuschnitte
Werkzeug und Zubehör

Holzhandel, Treppenbauer
Holzplatten, Holzbretter, Holzleisten, auch Hartholz
Zuschnitte

Ein Tipp zum Schluss

Wie Sie Nistkästen und Futterstationen reinigen

Wann und wie? Nistkästen sollten jedes Jahr im August/September »ausgemistet« werden. Klopfen Sie zunächst kurz an, damit Zwischenmieter wie zum Beispiel Siebenschläfer, Hasel- oder Waldmaus gewarnt sind und die Behausung verlassen können. Entfernen Sie dann altes Nistmaterial und fegen den Kasten gründlich aus. Verschmutzungen reinigen Sie mit klarem Wasser und eventuell Neutralseife (benutzen Sie keine Chemikalien!). Lassen Sie den Kasten danach gut austrocknen. Futterstationen sollten regelmäßig auf dieselbe Weise gereinigt werden.

Was tun bei Parasitenbefall? Flammen Sie das Kasteninnere und die Ecken mit einer Gasflamme aus. Danach können Sie den Kasten wieder aufhängen, damit Insekten, Vögel und Kleinsäuger über den Winter einziehen können.

Übrigens … Wählen Sie für Ihren Garten auch eine tierfreundliche Beleuchtung, damit weder Vögel bei der Brut gestört noch Insekten in die meist tödliche Lichtfalle gelockt werden.

Bildnachweis

bigemrg - Fotolia.com: 111; cbckchristine - Fotolia.com: 97m; Coelsch: 4l, 21, 50, 92, 98, 101, 121, 127; Fiedels - Fotolia.com: 8; Flora Press/BIOSPHOTO/Frédérique Bidault: 124; Flora Press/BIOSPHOTO/J.-L. Klein & M.-L. Hubert: 2/3, 76; Flora Press/Botanical Images: 94; Flora Press/BuitenBeeld/Paul van Hoof: 55m; Flora Press/Christine Ann Föll: 19l, 43, 116; Flora Press/Flowerphotos/Sue Kennedy: 97l; Flora Press/Gisela Caspersen: 32; Flora Press/Helga Noack: 9, 10, 11, 28, 29, 30, 31, 40, 44, 107, 122; Flora Press/Kramp + Gölling: 64, 102; Flora Press/MAP: 22, 19r; Flora Press/Nova Photo Graphik: 63; Flora Press/Practical Pictures: 36, 112; Flora Press/The Garden Collection/FLPA: 55r; Flora Press/The Garden Collection/Neil Sutherland: 89; Flora Press/Tim Gainey: 82; Flora Press/Visions: 46; Gparigot – Fotolia.com: 15r; Hecker: 1, 4r, 5l, 5m, 16, 24, 25, 26, 27, 49, 56, 58, 60, 61o, 62, 68, 72, 80, 85l, 90,108, 109, 119l, 120; Jean Kobben - Fotolia.com: 97r; K.-U. Häßler - Fotolia.com: 15m; mauritius images / age: 85r; mauritius images / Frank Lukasseck: 61u; mauritius images / Garden World Images: 14; mauritius images / ib / Gary K Smith/FLPA: 52; Messer: 105; ikelaptev - Fotolia.com: 55l; Omika - Fotolia.com: 85m; Ornitolog82 - Fotolia.com: 5r, 119m, 119r; Reinhard: 12, 84; simonic - Fotolia.com: 15l; smuay - Fotolia.com: 118; Strauß: 7, 54, 87, 96; www.julius-images.de: 38; www.vivara.de: 70

Über die Autorin

Bärbel Oftring ist Diplom-Biologin. Sie arbeitet als Autorin, Lektorin und Redakteurin sowie als Leiterin von Naturforscher-AGs. Zudem realisiert sie naturpädagogische Projekte und bringt die heimische Natur auf vielfältige Weise in Schulen, Bibliotheken und Kindergruppen. In ihren zahlreichen Sachbüchern vermittelt sie sehr anschaulich Erstaunliches, Interessantes, Wissens- und Erlebenswertes über Tiere und Pflanzen, Natur, Garten und Umwelt an Kinder und Erwachsene. Ihre Bücher wurden bereits in mehrere Sprachen übersetzt und schon mehrfach ausgezeichnet. Bärbel Oftring lebt mit Familie und Hund zwischen Wald und Streuobstwiesen bei Böblingen.

Impressum

Bibliografische Information der Deutschen Nationalbibliothek

Die Deutsche Nationalbibliothek verzeichnet diese Publikation in der Deutschen Nationalbibliografie; detaillierte bibliografische Daten sind im Internet über http://dnb.d-nb.de abrufbar.

BLV Buchverlag
GmbH & Co. KG

80797 München

© 2014 BLV Buchverlag GmbH & Co. KG, München

Umschlagkonzeption: Eva Schneider
Umschlagfotos: GAP Photos/Gary Smith (vorne);
Coelsch (hinten links), www.vivara.de (hinten Mitte),
Flora Press Christine Ann Föll (hinten rechts)

Lektorat: Katharina May, Nina Schiefelbein
Herstellung: Hermann Maxant
Layoutkonzept Innenteil, Satz und Layout:
griesbeckdesign, München
Illustrationen: Stefan Cölsch (Baupläne),
Gisela Rüger (Grafiken Vogel, Igel, Lurch, Libelle)

Gedruckt auf chlorfrei gebleichtem Papier

Printed in Germany

ISBN 978-3-8354-1169-2

Hinweis

Das vorliegende Buch wurde sorgfältig erarbeitet. Dennoch erfolgen alle Angaben ohne Gewähr. Weder Autorin noch Verlag können für eventuelle Nachteile oder Schäden, die aus den im Buch vorgestellten Informationen resultieren, eine Haftung übernehmen.

Willkommene Gäste im Garten

Michael Lohmann
Das BLV Igelbuch
Alles über den verantwortungsvollen Umgang mit dem kleinen
Stacheltier · Biologie und Verhalten des Igels, Verbreitung, Nah-
rung, Igel-Schutz, Kinder und Igel · Der igelfreundliche Garten:
Unterschlupf und Pflanzen, Füttern und Überwintern · Igel in
Pflege: kranke und verletzte Tiere, Aufzucht verwaister Igel.
ISBN 978-3-8354-1000-8